物联网与人工智能应用开发丛书

嵌入式安全处理器应用与实践

工业和信息化部人才交流中心
恩智浦（中国）管理有限公司 编著

电子工业出版社·
Publishing House of Electronics Industry
北京·BEIJING

内 容 简 介

本书共分 6 章，介绍了信息安全的要素、物联网和金融支付等应用对安全的需求、六大安全关键技术、安全处理器等内容，探讨了安全处理器在物联网和金融支付终端的应用。

本书最大的特色在于立足工程实践，由嵌入式安全引出物联网及其重要子类——POS 机的安全要素，然后围绕这些安全要素，以基于 ARM 内核的安全处理器和安全微控制器为核心部件，详细介绍如何构建完整的嵌入式安全系统，同时分享了一些实践当中可能会遇到的疑难及对其的解析。

本书可以作为读者了解嵌入式安全技术的参考书籍，亦可为工程技术人员在设计产品安全性方面提供参考和借鉴。

图书在版编目（CIP）数据

嵌入式安全处理器应用与实践/工业和信息化部人才交流中心，恩智浦（中国）管理有限公司编著. —北京：电子工业出版社，2018.11
（物联网与人工智能应用开发丛书）
ISBN 978-7-121-34972-0

I. ①嵌…　II. ①工…　②恩…　III. ①微处理器－安全技术　IV. ①TP332

中国版本图书馆 CIP 数据核字（2018）第 199084 号

策划编辑：徐蔷薇
责任编辑：刘小琳　　　特约编辑：刘　炯
印　　刷：三河市鑫金马印装有限公司
装　　订：三河市鑫金马印装有限公司
出版发行：电子工业出版社
　　　　　北京市海淀区万寿路 173 信箱　　邮编：100036
开　　本：720×1000　1/16　印张：20.75　字数：305 千字
版　　次：2018 年 11 月第 1 版
印　　次：2018 年 11 月第 1 次印刷
定　　价：78.00 元

凡所购买电子工业出版社图书有缺损问题，请向购买书店调换。若书店售缺，请与本社发行部联系，联系及邮购电话：（010）88254888，88258888。

质量投诉请发邮件至 zlts@phei.com.cn，盗版侵权举报请发邮件至 dbqq@phei.com.cn。

本书咨询联系方式：（010）88254538，liuxl@phei.com.cn。

物联网与人工智能应用开发丛书
指导委员会

《嵌入式安全处理器应用与实践》

作　　者

付衍荣　　林富珍　　钟菊英

李俊祥　　罗　利

物联网与人工智能应用开发丛书

总　策　划：任　霞

秘　书　组：陈　劼　　刘庆瑜　　徐蔷薇

序 一

　　中国经济已经由高速增长阶段转向高质量发展阶段，正处在转变发展方式、优化经济结构、转换增长动力的攻关期。习近平总书记在党的十九大报告中明确指出，主动参与和推动经济全球化进程，发展更高层次的开放型经济，不断壮大我国的经济实力和综合国力。

　　对于我国的集成电路产业来说，当前正是一个实现产业跨越式发展的重要战略机遇期，前景十分光明，挑战也十分严峻。在政策层面，2014年《国家集成电路产业发展推进纲要》发布，提出到2030年产业链主要环节达到国际先进水平，实现跨越式发展的目标；2015年，国务院提出的中国智能制造发展战略中，将集成电路产业列为重点领域；2016年，国务院颁布《"十三五"国家信息化规划》，提出构建现代信息技术和产业生态体系，推进核心技术超越工程，其中集成电路被放在了首位。在技术层面，目前全球集成电路产业已进入重大调整变革期，中国集成电路技术创新能力和中高端芯片供给水平正在提升，中国企业设计、封测水平正在加快迈向第一阵营。在应用层面，5G 移动通信、物联网、人工智能等技术逐步成熟，各类智能终端、物联网、汽车电子及工业控制领域的需求将推动集成电路产业的稳步增长，因此集成电路产业将成为这些产品创新发展的战略制高点。

"十三五"期间，中国集成电路产业必将迎来重大发展，特别是加快建设制造强国，加快发展先进制造业，推动互联网、大数据、人工智能和实体经济深度融合等理念的提出，给集成电路产业发展开拓了新的发展空间，使得集成电路产业由技术驱动模式转化为需求和效率优先模式。在这样的大背景下，通过高层次的全球合作来促进我国国内集成电路产业的崛起，将成为我们发展集成电路的一个重要抓手。

在推进集成电路产业发展的过程中，建立创新体系、构建产业竞争力，最终都要落实在人才上。人才培养是集成电路产业发展的一个核心组成部分，我们的政府、企业、科研和出版单位对此都承担着重要的责任和义务。所以我们非常支持工业和信息化部人才交流中心、恩智浦（中国）管理有限公司、电子工业出版社共同组织出版这套"物联网与人工智能应用开发丛书"。这套丛书集中了众多一线工程师和技术人员的集体智慧和经验，并且经过了行业专家、学者的反复论证。我希望广大读者可以将这套丛书作为日常工作中的一套工具书，指导应用开发工作，还能够以这套丛书为基础，从应用角度对我们未来产业的发展进行探索，并与中国的发展特色紧密结合，服务中国集成电路产业的转型升级。

工业和信息化部电子信息司司长

2018 年 1 月

序 二

随着摩尔定律逐步逼近极限，以及云计算、大数据、物联网、人工智能、5G 等新兴应用领域的兴起，其细分领域竞争格局加快重塑，围绕资金、技术、产品、人才等全方位的竞争加剧，当前全球集成电路产业进入了发展的重大转型期和变革期。

自 2014 年《国家集成电路产业发展推进纲要》发布以来，随着"中国制造 2025""互联网+"和大数据等国家战略的深入推进，国内集成电路市场需求规模进一步扩大，产业发展空间进一步增大，发展环境进一步优化。在市场需求拉动和国家相关政策的支持下，我国集成电路产业继续保持平稳快速、稳中有进的发展态势，产业规模稳步增长，技术水平持续提升，资本运作渐趋活跃，国际合作层次不断提升。

集成电路产业是一个高度全球化的产业，发展集成电路需要强调自主创新，也要强调开放与国际合作，中国不可能关起门来发展集成电路。

集成电路产业的发展需要知识的不断更新。这一点随着云计算、大数据、物联网、人工智能、5G 等新业务、新平台的不断出现，已经显得越来越重要、越来越迫切。由工业和信息化部人才交流中心、恩智浦（中国）管理有限公司与电子工业出版社共同组织编写的"物联网与人工智能应用开发丛书"，是我们产业开展国际知识交流与合作的一次有益尝试。我们希望看到更多国内外企业持续为我国集成电路产业的人才培养和知识更新提供有效的支撑，通过各方的共同努力，真正实现中国集成电路产业的跨越式发展。

丁文武

2018 年 1 月

序 三

　　尽管有些人认为全球集成电路产业已经迈入成熟期，但随着新兴产业的崛起，集成电路技术还将继续演进，并长期扮演核心关键角色。事实上，到现在为止还没有出现集成电路的替代技术。

　　中国已经成为全球最大的集成电路市场，产业布局基本合理，各领域进步明显。2016 年，中国集成电路产业出现了三个里程碑式事件：第一，中国集成电路产业第一次实现制造、设计、封测三个领域的销售规模均超过 1000 亿元，改变了多年来总是封测领头、设计和制造跟随的局面；第二，设计业超过封测业成为集成电路产业最大的组成部分，这是中国集成电路产业向好发展的重要信号；第三，中国集成电路制造业增速首次超过设计业和封测业，增速最快。随着中国经济的增长，中国集成电路产业的发展也将继续保持良好态势。未来，中国将保持世界电子产品生产大国的地位，对集成电路的需求还会维持在高位。与此同时，我们也必须认识到，国内集成电路的自给率不高，在很长一段时间内对外依存度仍会停留在较高水平。

我们要充分利用当前物联网、人工智能、大数据、云计算加速发展的契机，实现我国集成电路产业的跨越式发展，一是要对自己的发展有清醒的认识；二是要保持足够的定力，不忘初心、下定决心；三是要紧紧围绕产品，以产品为中心，高端通用芯片必须面向主战场。

产业要发展，人才是决定性因素。目前，我国集成电路产业的人才情况不容乐观，人才缺口很大，人才数量和质量均需要大幅度提升。与市场、资本相比，人才的缺失是中国集成电路产业面临的最大变量。人才的成长来自知识的更新和经验的积累。我国一直强调产学研结合、全价值链推动产业发展，加强企业、研究机构、学校之间的交流合作，对于集成电路产业的人才培养和知识更新有非常正面的促进作用。由工业和信息化部人才交流中心、恩智浦（中国）管理有限公司与电子工业出版社共同组织编写的这套"物联网与人工智能应用开发丛书"，内容涉及安全应用与微控制器固件开发、电机控制与 USB 技术应用、车联网与电动汽车电池管理系统、汽车控制技术应用等物联网与人工智能应用开发的多个方面，对于专业技术人员的实际工作具有很强的指导价值。我对参与丛书编写的专家、学者和工程师们表示感谢，并衷心希望能够有越来越多的国际优秀企业参与到我国集成电路产业发展的大潮中来，实现全球技术与经验和中国市场需求的融合，支持我国产业的长期可持续发展。

魏少军　教授

清华大学微电子所所长

2018 年 1 月

序 四

千里之行　始于足下

　　人工智能与物联网、大数据的完美结合，正在成为未来十年新一轮科技与产业革命的主旋律。随之而来的各个行业对计算、控制、连接、存储及安全功能的强劲需求，也再次把半导体集成电路产业推向了中国乃至全球经济的风口浪尖。

　　历次产业革命所带来的冲击往往是颠覆性的改变。当我们正为目不暇接的电子信息技术创新的风起云涌而喝彩，为庞大的产业资金在政府和金融机构的热推下，正以前所未有的规模和速度投入集成电路行业而惊叹的同时，不少业界有识之士已经敏锐地意识到，构成并驱动即将到来的智能化社会的每个电子系统、功能模块、底层软件乃至检测技术都面临着巨大的量变与质变。毫无疑问，一个以集成电路和相应软件为核心的电子信息系统的深入而全面的更新换代浪潮正在向我们涌来。

　　如此的产业巨变不仅引发了人工智能在不远的将来是否会取代人类工作的思考，更加现实而且紧迫的问题在于，我们每一个人的知识结构和理解能力能否跟得上这一轮技术革新的发展步伐？内容及架构更新相对缓慢的传统教材以及漫无边际的网络资料，是否足以为我们及时勾勒出物联网与人工智能应用的重点要素？在如今仅凭独到的商业模式和免费获取的流量，就可以瞬间增加企业市值的 IT 盛宴里，我们的工程师们需要静下心来思考在哪些方面练好基本功，才能在未来翻天覆地般的技术变革时代立于不败之地。

　　带着这些问题，我们在政府和国内众多知名院校的热心支持与合作下，精心选题，推敲琢磨，策划了这一套以物联网与人工智能的开发实践为主线，以集成电路核心器件及相应软件开发的最新应用为基础的科技系列丛书，以期对在人工智能新时代所面对的一些重要技术课题提出抛砖引玉式的线索和思路。

　　本套丛书的准备工作得到了工业和信息化部电子信息司刁石京司长，国家集成电路产业投资基金股份有限公司丁文武总裁，清华大学微电子所所长魏少军教授，工业和信息化部人才交流中心王希征主任、李宁副主任，电子工业出版社党委书记、社长王传臣的肯定与支持，恩智浦半导体公司的任霞女士、张伊雯女士、陈劼女士，以及恩智浦半导体各个产品技术部门的技术专家们为丛书的编写组织工作付出了大量的心血，电子工业出版社的董亚峰先生、徐蔷薇女士为丛书的编辑出版做了精心的规划。著书育人，功在后世，借此机会向他们表示衷心的感谢。

未来已来，新一代产业革命的大趋势把我们推上了又一程充满精彩和想象空间的科技之旅。在憧憬人工智能和物联网即将给整个人类社会带来的无限机遇和美好前景的同时，打好基础，不忘初心，用知识充实并走好脚下的每一步，又何尝不是一个主动迎接未来的良好途径？

郑力

写于 2018 年拉斯维加斯 CES 科技展会

前　言

随着人类社会信息化、智能化、智慧化的快速发展，信息安全越来越受重视。近年来，随着计算机技术的迅猛发展，特别是量子计算机的出现，传统安全技术将面临严峻的挑战，而人工智能（AI）因具备认知、学习、推理的能力，在安全方面的应用将越来越广泛——安全技术人员可以利用人工智能技术检测和预判网络面临的安全威胁。那么，信息安全包含哪些必要元素？电子产品的系统该如何设计才可以保证信息的安全？安全技术的哪些内容可以应用在人工智能硬件设备和物联网设备的安全防护上？

针对以上问题，本书重点讲述嵌入式安全处理器在物联网及其信息安全中的应用。本书共分 6 章。第 1 章信息安全概论。主要介绍信息安全要素、所需技术及当前物联网和金融支付等领域的信息安全体系；探讨若要达成信息安全应用，从技术层面需要如何去做，并对物联网、金融支付和智能制造的应用技术趋势——轻量级密码学算法和区块链技术做了简单介绍。第 2

章嵌入式应用安全关键技术。向读者揭示信息安全涉及的六大安全关键技术，包括加/解密、随机数、防篡改、私密数据管理、身份认证与识别、旁路攻击防护。第 3 章嵌入式安全处理器技术架构。以安全处理器为核心，讲解其概念、架构及如何进行相关的软/硬件构建。第 4 章如何构建安全物联网网关。简述构建物联网网关的应用实例，阐述物联网网关特性、软/硬件构建，并对构建过程中的疑难进行解析。第 5 章如何构建安全物联网节点。介绍构建物联网节点的应用实例，如 AWS IoT 安全节点的实现方式，并从安全的角度阐述如何构建物联网节点的软/硬件，并对节点构建过程中的疑难进行解析。第 6 章如何构建金融支付终端。介绍了金融支付终端的特性和产品形态，讲述了构建金融支付终端软/硬件应用实例及构建与管理过程中的疑难与解析。

本书由多位作者共同完成，第 1 章由付衍荣和林富珍执笔，第 2 章由钟菊英执笔，第 3 章由李俊祥执笔，第 4 章由林富珍执笔，第 5 章由罗利执笔，第 6 章由付衍荣和林富珍执笔。感谢恩智浦半导体应用工程师梁绍忠在 ZigBee 内容上给予的支持，感谢在本书的编写过程中给予指导和建议的老师和同事们，更感谢本系列丛书指导委员会及专家委员会的各位专家对本书大纲结构给予的宝贵建议。

安全技术发展日新月异，各种技术和应用层出不穷，本书所列的仅仅是嵌入式安全处理器应用安全技术中的部分技术，很多理论和应用技术问题有待进一步深入探索和发展。书中难免有疏漏和不足之处，希望得到广大读者的批评指正。此外，由于很多嵌入式安全处理器应用安全技术的实现对于芯片厂商来说都属于机密信息，读者若需要了解更多芯片级的安全技术实现，必须通过正规渠道直接从相应的芯片厂商处获得更加详细的资料和信息。

　　物联网终将迈向全面智能化的大时代，而人工智能和物联网将在大数据的过滤筛选、分析处理、安全管理等方面得到融合发展。希望本书能在嵌入式安全处理器的应用技术方面给大家提供参考，为突飞猛进的信息时代做出自己的一点点贡献！

物联网与人工智能应用开发丛书

《嵌入式安全处理器应用与实践》作者团队

2018 年 3 月

缩 略 语

AES：Advanced Encryption Standard，先进的加密标准

CA：Certificate Authorities，证书颁发机构

CBC：Cipher Block Chaining，密码块链

CHAP：Challenge-Handshake Authentication Protocol，挑战握手身份验证协议

CIU：Contactless Interface Unit，非接触式通信接口

CPU：Central Processing Unit，中央处理器

DES：Data Encryption Standard，数据加密标准

DMZ：Demilitarized Zone，非军事区

DPA：Differential Power Analysis，差分功耗分析

DRBG：Deterministic Random Bit Generator，确定性随机数发生器

ECB：Electronic Codebook，电子密码簿

ECC：Elliptic Curve Cryptography，椭圆曲线密码学

ECDSA：Elliptic Curve Digital Signature Algorithm，椭圆曲线数字签名算法

ECDHE：Elliptic Curve Diffie-Hellman Ephemeral Algorithm，椭圆曲线密钥

协商算法

EEPROM：Electrically Erasable Programmable Read-Only Memory，电可擦除可编程只读存储器

EMA：Electromagnetic Attack，电磁攻击

HKDF：Hash Key Derivation Function，基于哈希运算的密钥分散功能

HMAC：Hash Message Authentication Code，哈希运算消息认证码

IC：Integrated Circuit，集成电路

ID：Identifier，识别码

IO：Input Output，输入输出

IoT：Internet of Things，物联网

IP：Internet Protocol，互联网协议

IPSec：Internet Protocol Security，互联网协议安全

KEK：Key Encryption Key，密钥加密密钥

MAC：Message Authentication Code，报文鉴别码

MMU：Memory Management Unit，内存管理单元

MQTT：Message Queuing Telemetry Transport，消息队列遥测传输协议

OFB：Output Feedback，输出反馈

OTPNVM：One-Time Programmable Non-Volatile Memory，一次性可编程的非易失性存储器

PC-1：Permuted Choice 1，置换选择 1

PC-2：Permuted Choice 2，置换选择 2

PIN：Personal Identification Number，个人标识码

PK：Public Key，公钥

PKI：Public Key Infrastructure，公钥基础设施

PSK：Pre-Shared Key，预共享密钥

PPP：Peer-to-Peer Protocol，点对点协议

PUF：Physically Unclonable Function，物理不可克隆功能

PGP：Pretty Good Privacy，相当好的隐私

POR：Power-on Reset，上电复位

POS：Point of Sale，销售点终端

PRNG：Pseudo-Random Number Generator，伪随机数发生器

RA：Registration Authority，证书注册机构

RAM：Random-Access Memory，随机存取存储器

RNG：Random Number Generation，随机数生成

ROM：Read-Only Memory，只读存储器

RSA：Rivest Shamir Adleman，RSA 加密算法（由维斯特、萨莫尔、阿德曼提出）

RTC：Real-Time Clock，实时时钟

SPA：Simple Power Analysis，简单的功率分析

SPKI：Simple Public Key Infrastructure，简单的公钥基础设施

SSH：Secure Shell，安全脚本

SSL：Secure Sockets Layer，安全套接层

TDES：Triple Data Encryption Standard，三倍数据加密标准

TRNG：True Random Number Generation，真随机数生成

TTP：Trusted Third Party，值得信赖的第三方

UID：Unique Identification Digest，唯一序列号

VA：Validation Authority，证书验证机构

WK：Working Key，工作密钥

WoT：Web of Trust，信任网

目　录

第 1 章
Chapter 1

信息安全概论

　　信息安全自古以来就受到社会各阶层的重视，随着社会信息化、智能化、智慧化的步伐越来越快，信息安全必将受到越来越多的重视。信息安全作为一门综合性学科，涉及物理、数学、计算机和半导体等众多学科，要求相关从业人员掌握大量的多学科知识。本章主要介绍信息安全的需求和要素，以及当前物联网和金融支付等领域信息安全架构，引出若要尽可能地保护信息，从技术层面需要如何去做。

　　通过本章内容的介绍，能够使读者了解到信息安全的重要性，以及目前物联网和金融支付等领域的安全需求。

1.1　信息安全需求

　　第四届世界互联网大会于 2017 年 12 月 3 日—5 日在浙江省乌镇举行，以"发展数字经济促进开放共享——携手共建网络空间命运共同体"为主题。卡巴斯基创始人尤金·卡巴斯基在全体大会上发表演讲，称网络病毒问题是跨国的、经济化的。他谈到，在卡巴斯基刚成立时，他们一年收集的恶意软件为 500 个，2007 年达到 200 万个，2017 年将达到 9000 万个，病毒样本数量不断增长，现在总量已经有 5 亿个病毒文件。尤金介绍，2017 已观测超过 100 种高度复杂的病毒。其中有 10~15 种病毒的操控已经构成了犯罪，这些病毒主要在金融行业的信息系统中传播，犯罪嫌疑人想通过这种病毒牟利。下面我们来看几则关于信息安全的报道。

据《焦点访谈》报道，2016 年江苏省宿迁等地警方破获多起新型盗刷银行卡的案件。警方发现，这是一种盗刷银行卡的新手法：不法分子通过改装 POS 机盗取用户银行卡信息和密码，再进行盗刷，使用户财产受损。这种作案手法十分隐秘、不易察觉，普通用户很难防范。改装 POS 机不符合银联安全认证，属于严重违规行为，改装的 POS 机给不法分子盗刷信用卡提供了便利，不法分子可以很容易地窃取用户银行卡信息和密码[1]。

据网络安全公司 Flashpoint 对美国断网事件的调查发现，黑客操控感染了恶意软件 Mirai 的物联网设备发起分布式拒绝服务（Distributed Denial of Service，DDoS）攻击，影响波及 Twitter、Reddit 等知名网站，强大的攻击流量甚至使域名服务商 DYN 多地的网络服务直接中断。恶意软件 Mirai 就是此次攻击的罪魁祸首。Mirai 通过感染存在漏洞或内置默认密码的物联网（Internet of Things，IoT）设备，然后像寄生虫一样存在设备中，操控这些设备，针对目标网络系统发起定向攻击。网络监控摄像头、路由器及 DVRs 等其他家用网络设备都可能成为 Mirai 僵尸网络的"猎物"。据 ISP 服务商 Level3 调查，全球受 Mirai 感染的 IoT 设备达 50 万台，其中美国占 29%、巴西占 23%、哥伦比亚占 8%。2016 年 10 月 21 日的 DDoS 攻击从上午开始，致使大面积网络中断，其中包括域名提供商 DYN，而 DYN 为 Amazon、Spotify、Twitter 等知名网站提供域名服务，攻击导致众多网站与在线服务无法访问。另据报道，可能还有其他恶意软件僵尸网络参与攻击。在 CNBC 的采访中，DYN 声称黑客使用了数千万个 IP 地址，是一场精心策划的攻击[2]。

恶意软件 Hajime 于 2016 年 10 月被首次发现，采用了与僵尸网络 Mirai 相同的传播机制。据悉，该威胁的目标主要是使用开放式 Telnet 端口和默认密码的不安全 IoT 设备。研究人员发现，Hajime 与 Mirai 具有几近相同的用户名和密码组合列表，但传播方式并非 C&C 服务器，而是对等网络连接。赛门铁克专家表示，Hajime 无须任何 C&C 服务器地址，仅通过控制器将命令模块推送至对等网络，消息随时间推移传播至所有对等网络。Hajime 比 Mirai 更加复杂，实现了隐藏其活动与运行进程的更多机制。调查表明，该威胁具有允许运营商快速添加新型功能的模块化结构。分析报告显示，Hajime 并未执行 DDoS 攻击或其他任何攻击代码，而是从控制器中提取语句并每隔 10min 在 IoT 终端上显示一次。该邮件采用数字签名，而且蠕虫只接受硬编码密钥签名邮件。故系统一旦感染，蠕虫将阻止访问端口 23、端口 754、端口 5555 与端口 5358，以防来自其他 IoT 威胁（包括 Mirai 在内）的攻击。赛门铁克专家近期发现，新型 IoT 僵尸网络 Hajime 过去几个月内在巴西、伊朗等国家呈持续增长、迅速蔓延之势。目前，黑客已开始实施新型攻击方式，感染逾 30 万台 IoT 设备。

前面关于信息安全的报道只是安全事件的冰山一角，信息安全问题无时无刻不在，一个看似简单的信息安全问题可能会造成极其严重的后果。攻击者有时候是为了满足自己的虚荣心，有时候是为了牟取经济利益，各种攻击手段层出不穷，另外，自然灾害等也会对信息安全造成威胁。以下为一些常见的信息安全威胁。

（1）自然灾害。自然灾害是指自然界中发生的异常现象，包括地震、火灾、水灾、雷电、海啸、台风、泥石流等突发性灾害，这些自然灾害的发生往往会给信息系统带来灾难性的后果。

（2）网络监听。网络监听是一种监视网络状态、数据流程及网络上信息传输的过程。因为在物联网中很多时候都是使用无线通信方式，攻击者可以方便地使用嗅探器来得到网络传输的数据。得到数据后，攻击者可以尝试猜测用户名和密码，以及使用暴力破解的手段来获取口令，进而破解数据得到他们想要的信息。甚至在某些系统中，攻击者只要监听数据即可，因为系统传输的是明文信息。

（3）芯片破解。芯片破解是指攻击者通过剖片或查找 FUSE 等手段得到芯片的内部信息。在物联网中，很多设备都处于无人值守的状态，攻击者可以非常方便地得到相应的设备。当攻击者得到设备后，他们可以破解里面的微控制单元（Microcontroller Unit，MCU）或存储芯片，以得到厂商代码和密钥。攻击者早期的遥控门禁系统（Remote Keyless Entry，RKE）复制，在很多情况下是通过破解芯片来得到他们想要的信息的。

（4）系统漏洞。系统漏洞是指在硬件、软件、协议的具体实现或系统安全策略上存在的缺陷，从而可以使攻击者能够在未授权的情况下入侵或破坏系统。攻击者通过漏洞扫描工具或对系统进行分析来发现漏洞，然后利用漏洞来获取系统的访问权限，接下来再提升权限到 root 级，即可对系统进行完全控制。系统漏洞有可能是系统的 bug，也有可能是系统设计和维护人员为方便调试和维护，故意留下的后门。

（5）DDoS 攻击。DDoS 攻击指借助于客户/服务器技术，将多个被控对象联合起来作为攻击平台，对一个或多个目标发动请求流攻击，从而成倍地提高拒绝服务攻击的威力，造成服务器瘫痪，不能响应正常的服务请求。DDoS 攻击也是一种常用的攻击手段。

（6）重放攻击（Relay Attacks）。重放攻击又称为重播攻击、回放攻击，是指攻击者发送一个目的主机已接收过的包，以达到欺骗系统的目的，主要用于身份认证过程，破坏认证的正确性。攻击者通过给设备反复多次上电，观察设备发送的数据包，并复制它们，然后使用特定工具来模拟设备发送数据以骗取系统的信任。

（7）篡改。攻击者改动原有的信息内容或设备，但信息的使用者无法识别出信息已经被篡改的事实，以达到蒙骗信息使用者，使其做出"错误"行为的目的。

（8）窃取。窃取是指攻击者利用不正当的手段获取用户信息。攻击者在未得到允许时复制并取走相应的信息。攻击者可以通过收买相关安全人员、偷偷复制信息、在黑市上收买信息等手段来窃取用户信息。

在系统设计之初就需要将信息安全问题充分考虑进去，不要发现问题再亡羊补牢,亡羊补牢的代价是极其惨痛的。以芯片级的安全为例,有些固件是固化在芯片内部的,一个安全漏洞有时会造成整个芯片重新流片,这个代价是高昂的。另外,信息安全问题也不仅仅是某个设备的问题,信息安全需要从系统的高度进行设计。

1.2 信息安全要素

信息系统(Information System)是由系统硬件、通信传输设备、执行软件、信息资源、信息用户和规章制度组成的,以处理信息流为目的的人机一体化系统。在市场经济条件下,信息已经成为一种极其重要的商品。为了体现信息的最大价值,人们常常希望他人不能获得或篡改某些信息,以及希望自己获得的信息及时可靠。按照美国国家安全系统委员会(CNSS)的标准,信息安全定义为保护信息及其重要元素,包括使用、存储和传输这些信息的系统和硬件。信息安全的基本属性包括机密性(Confidentiality)、完整性(Integrity)、可用性(Availability)、真实性(Authenticity)、不可否认性(Non-repudiation)和可控性(Controllability)。

(1)机密性(Confidentiality):需要保证信息在采集、传输和存储等过程中不能被非授权者正确预览,以达到信息只对授权者开放的目的。

(2)完整性(Integrity):需要保证信息可以准确无误地从真实的发送者传输到真实的接收者,在传输和存储过程中不被非法用户篡改,即使发生篡改也需要能够被正确识别出篡改内容或篡改发生的位置。

(3)可用性(Availability):需要保证信息和信息系统随时为授权者提供服务,保证合法用户对信息和资源的使用不会被不合理地拒绝,即使系统受到攻击或发生自然灾害等。

（4）真实性（Authenticity）：需要保证信息的可认证性，即信息和信息的来源是真实可信的。

（5）不可否认性（Non-repudiation）：需要保证信息系统的操作者和处理者不能否认其对信息的处理过程和结果，即人们要为自己的信息行为负责，提供保证社会依法管理需要的公证、仲裁信息证据。

（6）可控性（Controllability）：需要保证管理者能够对信息、信息来源实施必要的控制管理。即出于国家和机构的利益和社会管理的需要，可对信息、信息来源和信息系统的使用实施授权、审查、监管及责任认定，以对抗不法分子和外敌的侵犯。

1.3 物联网安全技术体系

■ 1.3.1 物联网系统基本架构

现在打开网络或各种科技媒体杂志都会发现物联网这个名词，但物联网到底是什么，它究竟能做什么呢？1998 年，美国麻省理工学院（MIT）创造性地提出了当时被称为 EPC 系统的"物联网"构想。1999 年，美国 Auto-ID首先提出"物联网"的概念，主要是建立在物品编码、RFID 技术和互联网的基础上。过去，我国将物联网称为传感网。中国科学院早在 1999 年就启动了对传感网的研究，并已取得了一些科研成果，建立了一些适用的传感网。同年，在美国召开的移动计算和网络国际会议提出了"传感网是下一个世纪人类面临的又一个发展机遇"。2003 年，美国《技术评论》杂志提出"传感网络技术将是未来改变人们生活的十大技术之首"[4]。

物联网是近年来的热点，要想对物联网有深刻认识，需要先认识互联网。所谓互联网，即 Internet，又称网际网路、因特网等，是网络和网络之间串联而成的庞大网络，即广域网、局域网及单机按照一定的通信协议组成的国际计算机网络。互联网着重信息的互联互通和共享，解决的是人与人之间信息互联互通的问题。

物联网定义为通过射频识别（RFID）、红外感应器、全球定位系统、激光扫描器等信息传感设备，按约定的协议，把任何物品通过物联网域名相连接，进行信息交换和通信，以实现智能化识别、定位、跟踪、监控和管理的一种网络概念。物联网是在互联网概念的基础上发展而来的，是一种建立在互联网上的泛在网络，是将其用户端延伸和扩展到任何物品与物品之间，进行信息交换和通信的一种网络概念。物联网与互联网结合形成的一个万物互联的巨大网络，实现物与物、物与人、所有的物品与网络的连接，方便对物体识别、管理和控制，解决信息智能管理和决策控制的难题。物联网比互联网技术更复杂、产业覆盖面更宽、应用范围更广，对社会发展的驱动力和影响力也更强。

按照物联网的分布可以将物联网分为感知层、网络层和应用服务层，如图 1-1 所示。

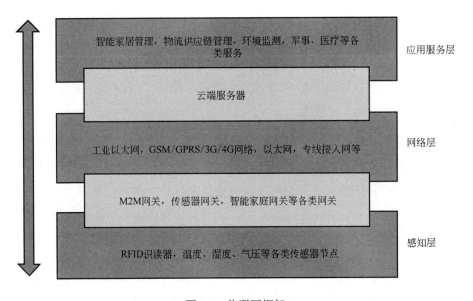

图 1-1　物联网框架

感知层主要完成数据和信息的收集和向上传输的工作，包括各类传感器（温湿度、水浸、气体、光照、声音、视频等各种传感器）、RFID 识读器等。感知层解决的是人类世界和物理世界的数据获取问题。感知层所需要的关键技术包括检测技术、短距离无线通信技术等。

网络层主要通过各种通信网络完成数据的传输，如 2G/3G/4G 网络、Wi-Fi、ZigBee、蓝牙、NB-IoT 等通信技术。网络层作为纽带连接感知层和应用服务层，由各种私有网络、互联网、有线和无线通信网、网络管理系统和云计算平台等组成，负责将感知层获取的信息，安全可靠地传输到应用服务层。网络层解决的是信息处理和信息传输问题。网络层所需要的关键技术包括长距离有线通信技术、长距离无线通信技术、互联网技术及对来自感知层数据的管理与处理技术等。

应用服务层主要完成数据的分析、处理、存储，并在此基础上完成具体的应用，它涵盖经济和社会的每个领域，包括智能家居管理、物流供应链管理、环境监测、金融支付及军事、医疗等服务。应用服务层解决的是信息服务和人机界面问题。应用服务层所需要的关键技术包括云计算、中间件、数据挖掘和人工智能等。

1.3.2 物联网安全技术架构

从物联网安全配置的角度来看，物联网安全包含两层意思：第一，物联网的基础和核心依然是互联网，互联网的安全技术依然适用于物联网；第二，其用户端延伸和扩展到任何物品，各种不同的物品需要使用的处理器必然不同，其运算能力差异较大，这就要求物联网执行的安全算法必然在互联网的基数上有较大的扩展，其实现方式也必然多样化。

图 1-2 所示为物联网安全组件。

图 1-2 物联网安全组件

我们可以将物联网的安全分为以下几个部分。

（1）用户识别。物联网设备需要对访问和控制的用户进行识别，对于没有得到授权的用户要拒绝接入。

（2）身份管理。随着物联网的发展，人们对物联网的互操作性、可扩展性和可用性有了更高的要求，物联网的安全问题就更为突出了，建立高效可靠的身份管理系统十分必要。

（3）授权软件执行。在物联网设备上运行的软件都需要得到授权。在安全启动部分，需要对运行的软件进行签名验证，保证在物联网设备上运行的软件都是经过合法授权的，避免黑客载入后门软件。

（4）政策及认证。物联网设备繁多，要保证各设备厂商间的互操作性和安全性，需要按照相应的政策及各类产品的认证需求来设计，并要能够通过相应的认证。事实上目前很多标准都会有相应的联盟或协会，如 ZigBee、Thead 等，它们也都对各自的通信方式制定了相应的标准。

（5）安全网络访问。在物联网应用中对于设备厂商来说，自家产品很难将整个系统中的设备都涵盖到，很多厂商可能仅仅只生产系统链中的某些产品，这时候必然会涉及各厂商设备间的互联互通和互操作，如何保证新加入网络的设备不会对整个网络的安全性造成影响，这就需要有一整套安全的设备入网和网络访问机制，保证在一个网络环境里，数据的机密性、完整性及可用性受到保护。

（6）OTA 固件升级。OTA 即 Over-the-Air，OTA 固件升级即使用无线方式空中下载升级固件。随着物联网应用的泛大众化，互联设备数量呈几何级增长。不同于传统无线设备在数量上的限制，物联网将渗透各个产业领域中广泛的联网设备，它面临规模化部署和产品需求多变等众多挑战，这些挑战催生出对 OTA 固件升级的需求，OTA 固件升级将成为物联网应用加速器，成为物联网系统必不可缺的一个组成部分。

（7）防篡改。防篡改包括通信的数据、存储的数据等，只要是有安全性要求的数据都会有防篡改的需求，以满足信息安全的真实性、完整性和不可否认性。

（8）安全数据通信。安全数据通信是指需要保证在网络内的通信是安全的，可以使用各类加密手段保证数据通信的安全，满足信息安全的机密性要求。

（9）安全内容。安全内容要求可以对物联网中的信息及信息来源的真实性进行验证和审查，以保证其内容的安全性，满足信息安全的可用性。

（10）安全存储。物联网设备难免有数据需要存储，但是由于物联网设备的无人值守特性，因此对存储在设备中的内容就有安全性的要求。

1. 物联网安全的分类

从物联网安全的实现方法来看，我们可以将物联网安全分为物理安全要求、逻辑安全要求和安全管理要求 3 个部分。

1）物理安全要求

（1）入侵检测机制。这里描述的入侵检测并非信息安全入侵检测防护系统（IDPS），IDPS 主要通过逻辑上的手段来识别和报告入侵事件。而我们所说的是纯物理上的入侵检测机制，包括静态电平变化检测、动态电平变化检测、温度超出范围检测、时钟频率超出范围检测、电压超出范围检测、时间计数器溢出检测、程序存储器加密状态变化检测等。当安全处理器内部检测模块检测到上述异常时，将自动清除 Security RAM 的内容。

（2）密钥保护。密钥的存储是安全的重要环节，在物联网的节点端或网关，因为使用的都是嵌入式系统，系统的处理能力相对较弱，如何保证密钥（特别是根密钥）不被窃取是安全设计人员需要充分考虑的问题。对于带入侵检测机制的安全微处理器，我们可以考虑将根密钥和相关的信息存储在 Security RAM 中。

（3）电磁辐射、功耗的要求。现在大规模集成电路的实现一般都采用静态 CMOS 互补逻辑实现，静态 CMOS 电路的功耗会与当前运行的数据相关，故在处理器执行相关算法时，磁辐射的物理特性会产生旁路，出现了对加密过程状态或运算信息的泄露。在硬件设计时需要运行功耗均衡化或随机化，以去耦合功耗与运算过程或结果的相关性。目前，一些安全微处理器自带硬件 DPA 模块，可以帮助用户实现这一目标。

（4）防窥设计。对一些需要用户输入敏感信息的设备，在物理上需要具备防窥设计，防止被不法分子使用摄像机等设备盗取，如 ATM、Pin-Pad 等需要输入密码的设备。

（5）防伪设计。防伪设计会有两方面的需求。一是在产品同质化严重的今天，企业需要客户能够在众多产品中快速识别出自己的产品；二是基于安全的需求，企业需要避免不法分子利用假冒产品骗取用户的敏感信息。

2）逻辑安全要求

（1）随机数。随机数最重要的特性是它生成的后面的数据与前面的数据毫无关系，真正的随机数是利用物理特性生成的，如使用电子元件的噪声、核裂变等。在嵌入式系统中，安全微处理器会具备随机数发生器，这些随机数发生器可以使用系统噪声及相应的随机数生成算法来生成随机数，无论是真随机数还是伪随机数，都可以通过美国国家标准与技术研究院（National Institute of Standards and Technology，NIST）测试随机数的标准来验证随机数的随机性。

（2）加密算法。为保证信息在存储、传播等过程中的机密性，需要使用加密算法对信息进行加密处理，目前常用的算法有 AES-128/AES-192/AES-256、RSA-2048/RSA-4096、TDES、SHA-256、ECC 等，随着集成电路制造技术的提高，算法等级也要求越来越高。

（3）固件载入安全要求。系统设计人员需要保证载入系统并运行的软件高度可信，以防止黑客在系统中载入后门软件来盗取敏感信息。目前安全微处理器都会内嵌安全 Boot loader，以帮助设计者实现软件安全载入的要求。

（4）入网及通信的安全流程。除了对信息传播过程加密外，我们还需要对物联网节点的入网有严格的要求，需要设计一套安全完善的入网和通信的安全流程，如后面会介绍到的 ZigBee 3.0。

（5）软件接口要求。现在软件常常采用分层架构来实现，各层间的数据交互需要使用软件接口来完成，并且不同厂商间的软件调用也需要使用接口来完成，软件接口除了具有数据交互的功能外，也需要控制来访对象权限，满足数据安全的要求。

（6）敏感数据保护。敏感数据可以包含密钥，物联网运行过程中的交互数据、日志信息等，敏感数据一般存储在非易失性存储器（NVM）中。相信设计者都会采取措施保护 NVM 中的数据，但是在设备运行过程中产生或使用的中间数据却容易被忽略，这些数据常常会被放置在缓冲区中，那么对这些缓冲区的数据进行访问或清除就必须有严格的保护机制。

（7）密钥用途唯一要求。物联网中的服务和通信方式多种多样，各种服务和通信方式都需要使用密钥进行保护，这就要求各服务和通信方式间的密钥不能共享，密钥用途唯一，以增加系统破解难度。

（8）密码穷举保护。穷举是通过尝试所有可能的系统登录密码来登录系统，直至获取登录权限的一种攻击方式。随着计算机运行速度的快速提升，利用高速计算机在较短时间内就可破解长度较短的密码。穷举攻击的代价与密码的长短成正比，可通过增加密码长度或在每次密码校验时增加附加随机校验信息来对抗穷举攻击。另外，在设计系统时需要对密码输入错误次数和尝试间隔时间做出限制，以加大穷举攻击的难度。

（9）应答响应时间限制。安全系统在敏感信息的应答和响应上需要有严格的时间限制，以防止攻击者使用透传方式对系统进行攻击。传统的 RKE 使用的是单向的数据传输，极容易被透传方式攻破。

3）安全管理要求

（1）密钥管理。密钥系统是安全的基础，是实现信息安全的重要保障。密钥管理需要解决密钥的分配、更新和存储问题，需要建立一个与物联网体系相适应的密钥管理系统。

（2）授权访问。信息安全系统应建立用户身份验证、身份管理及访问权限控制等保密防御机制和审计机制。

（3）法律法规。物联网即物物相连，未来节点的触角将延伸到各个角落，影响人们生活的方方面面，其中很多信息也必然与个人隐私、企事业单位的机密及国家安全相关，我们需要有相应的法律法规来规范这些信息的收集、使用和传播。

2. 物联网安全关键设备

在物联网感知层和网络层中主要涉及两类关键设备——物联网节点和物联网网关，下面主要针对这两类设备的安全性进行描述。

1）物联网节点

物联网节点作为感知层的设备，由感知器件、数据处理单元和通信接口器件组成，如图 1-3 所示。

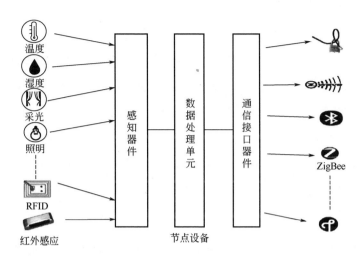

图 1-3 物联网节点

感知器件感知周围环境的各种参数并将其转换成电信号以供微处理器作为信号输入来源；数据处理单元在运行期间将感知器件传来的电信号转换成可供用户读取的各类数据，并实现物联网的连接通信、安全管理等各类应用，数据处理单元可以是微控制器（MCU）、信号处理器（DSP）、现场可编程序门阵列（FPGA）或专用 ASIC；通信接口器件将数据处理单元处理好的数据与网关或云端服务器相连，并将数据上传给服务器，其通信方式可以是有线的，也可以是无线的。

物联网节点使用的微处理器（MCU、DSP、FPGA 等）资源有限，基本都是在兆字节（MB）级以内的程序存储空间和数据存储空间，受功耗的限制，微处理器的运行频率不能太高，并且微处理器在大部分时间里需要休眠。这就决定了在节点端的微处理器不可能执行复杂的加/解密算法，互联网的很多安全方案在节点端并不适用，节点端的安全算法需要具备程序空间和数据空间开销较少及运算速度执行时间较短的特点。目前，有些 MCU 也会集成硬件安全算法引擎，如 NXP 公司的 Kinetis 系列 MCU 集成有 MMCAU（Memory-Mapped Cryptographic Acceleration Unit）模块和 LTC（LP Trusted Cryptography）模块，这些 MCU 可以在功耗、成本和安全算法计算能力上取得较好的平衡。

物联网节点作为物联网的末端，有很大可能是处在无人值守或者使用者和所有者不同的情况下，这需要有更高的安全性要求。为了避免不法分子对节点内的信息进行窃取或对节点设备进行改装，物联网节点设备需要具备一定的物理安全性能。如 POS 终端机，POS 终端机在商家手上，但是在 POS 终端机上进行刷卡消费的是消费者，为了避免不法分子对 POS 终端机进行改装来窃取消费者银行卡信息和密码，POS 终端机必须具备拆机自毁的物理安全特性；再如智能锁，除了具有生物特征识别功能外，还需要对密码输入具有防窥设计。

除了物理安全的设计外，逻辑安全上的考量也是节点端的重点，特别是在信息传输过程。物联网的节点很多时候都是使用无线网络进行数据传输的，无线网络传输具有开放、数据易于截获的特点，所以传输的数据需要进行加密，使用密文传输，并且为了防止节点假冒等问题，节点加入网关需要一个安全的入网流程。当前比较常用的无线通信协议大体分为 BLE、PLC（电力线载波）、Wi-Fi、ZigBee、Z-wave、Thread 和用户私有定制等协议，每种协议都有自己的优缺点，并在数据安全上也都有考量，本书无意对每种协议做详细的说明和介绍，ZigBee 目前作为智能家居应用极为广泛的一种协议，下面就以 ZigBee 的安全性作为例子来探讨。

ZigBee 是基于 IEEE 802.15.4 标准的低功耗局域网协议。根据国际标准规定，ZigBee 技术是一种短距离、低功耗的无线通信技术。其特点是近距离、低复杂度、自组织、低功耗、低数据速率。主要适合用于自动控制和远程控制领域，可以嵌入各种设备。简而言之，ZigBee 是一种便宜的、低功耗的近距离无线组网通信技术。ZigBee 协议从下到上分别为物理层（PHY）、媒体访问控制层（MAC）、传输层（TL）、网络层（NWK）、应用层（APL）等。其中物理层和媒体访问控制层遵循 IEEE 802.15.4 标准的规定。图 1-4 显示了 ZigBee 网络架构。

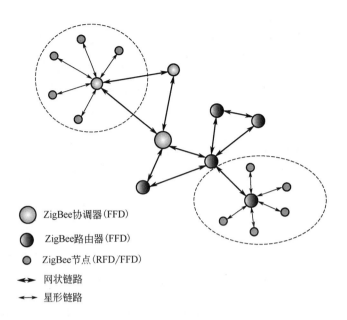

图 1-4　ZigBee 网络架构

在 ZigBee 协议栈架构中，安全是一个非常重要的关注点。Standard Security 是所有的 ZigBee 应用规范都使用的安全模型，包括 ZigBee 3.0。Standard Security 分别使用 Network Key 和 Link Key 在网络层和 APS 层加密数据。APS 层允许 Trust Center 安全传输 Network Key 来加入节点或拒绝节点加入，并且它允许应用来增加可选的安全加密消息。网络层用来保证所有的 ZigBee 网络中发送消息的安全性。Standard Security 不包括 MAC 层的通信，如 Association、数据请求 Polling、MAC ACKs。

ZigBee 新网络的构建由 Coodinator（协调器）发起，Coodinator 首先对指定信道或者默认信道进行能量检测，以避免可能的干扰。以递增的方式对所测量的能量值进行信道排序，抛弃那些能量值超出可允许能量水平的信道，选择可允许能量水平的信道并标注这些信道是可用信道。接着进行主动扫描，搜索节点通信半径内的网络信息。这些信息以信标帧的形式在网络中广播，节点通过主动信道扫描方式获得这些信标帧，然后根据这些信息，找到一个最好的、相对安静的信道，通过记录的结果，选择一个最佳信道，该信道应存在最少或没有 ZigBee 网络。找到合适的信道后，协调器将为网络选定一个网络标识符（PAN ID，取值<=0x3FFF），这个 ID 在所使用的信道中必须是唯一的，也不能和其他 ZigBee 网络冲突，而且不能为广播地址 0xFFFF（此地址为保留地址，不能使用）。Coordinator 网络建立后就等待 End Device 加入网络了。

对于全新的 End Device 来说，首先会在预先设定的一个或多个信道上通过主动或被动扫描搜索周围的可以找到的网络，寻找能批准自己加入网络的父节点。如果没有合适的父节点信息，那么表示入网失败，终止过程。如果发出的请求被批准，那么父节点同时会分配一个 16 位的网络地址，此时入网成功，子节点可以开始通信。如果请求失败，那么需要重新查找，继续发送请求信息，直到加入网络或者相邻表中没有合适的父节点。

End Device 在加入网络时采用默认的 Trust center link key={0x5A 0x69 0x67 0x42 0x65 0x65 0x 41 0x6c 0x6c 0x69 0x61 0xe 0x63 0x65 0x 30 0x39}来向 Coordinator 获取网络的 Network Key，从而加入该网络。这套安全机制由于采用了默认的 Link Key，所以很容易被攻击者抓包并使用默认的 Key 解码获取 Network Key，从而威胁网络。ZigBee 3.0 在协议中加入了 Install Code 机制，即每个 End Device 加入网络都采用独立的 Link Key，即使被攻击者抓包，没有 Link Key 也无法得到 Network Key。

ZigBee 3.0 支持 Installation Code Key，在之前只用于 Smart Energy Network（智能能源网络），Smart Energy Network 必须使用 Install Code。现在所有 ZigBee 3.0 认证设备都需要支持 Install Code，但是由 Trust Center 决定是否在网络中使用。

Install Code 用来预配置 Trust Center Link Key，其用于加入 ZigBee 网络时对 Network Key 的传输进行加密。在进入网络时，加入设备和 Trust Center 都必须知道这个唯一的密钥，所以 Install Code 用于在两端导出密钥。Install Code 可以是 6 字节、8 字节、12 字节或 16 字节的任意值，在末尾加上这些字节的 16 位 CRC（最低有效字节优先）。Install Code 用作 Matyas-Meyer-Oseas（MMO）

哈希散列函数的输入，其散列长度等于 128 位。该 AES-MMO 哈希函数的 128
位（16 字节）结果就是用作该设备的预配置 Trust Center Link Key 的值，并
且 Trust Center 可以安装密钥表条目（该密钥和加入设备的 EUI64），然后允
许其在加入网络期间成功地进行认证，加入设备可以成功接收和解密 Network
Key。作为此过程的一部分，Install Code 和加入设备的 EUI64 必须在带外传
送（目标 ZigBee 之外网络，如使用 NFC 传输）到网络的 Trust Center。

2）物联网网关

物联网网关作为一个新兴的网络设备，在未来的物联网时代将扮演非常
重要的角色。图 1-5 描述了物联网网关在物联网系统的位置，它起到感知网
络与传统通信网络的连接纽带作用。作为网关设备，物联网网关可以实现感
知网络与通信网络，以及不同类型感知网络之间的协议转换。上行既可以实
现广域互联，也可以实现局域互联。此外物联网网关还需要具备设备管理功
能，运营商通过物联网网关设备可以管理底层的各感知节点，了解各节点的
相关信息，并实现远程控制。

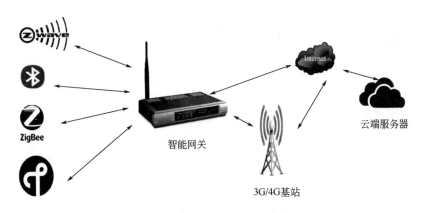

图 1-5　物联网网关在物联网系统的位置

强大的管理能力，对于任何大型网络都是必不可少的。首先要对网关进行
管理，如注册管理、权限管理、状态监管等。网关实现子网内节点的管理，如获
取节点的标识、状态、属性、能量等，以及远程实现唤醒、控制、诊断、升级和

维护等。由于子网的技术架构不同，协议的复杂性不同，所以网关的管理能力也不尽相同。提出基于模块化物联网网关方式管理不同的感知网络、应用，保证能够使用统一的管理接口技术对末梢网络节点进行统一管理。

物联网网关在物联网架构中作为承上启下的设备，既要实现对子网的通信和管理，也需要实现与云端服务器的通信。对于网关的安全问题我们可以从 3 个方面进行考量：子网通信安全、网关本地安全及上行网络安全。

（1）子网通信安全。物联网网关需要自行组建子网，使用动态密钥来与子网的节点进行通信，保证子网内部通信的安全；同时对子网加入自己的网络进行认证，只有得到合法授权的节点才可加入网路。

（2）网关本地安全。网关设备需要存储子网通信的密钥、用户的网络和节点设备的访问日志，这些敏感信息都需要加以保护，避免信息泄露，安全存储至关重要；另外网关也需要对使用的用户进行身份识别和身份管理，以达到不同级别的用户可以访问和控制不同设备的目的。

（3）上行网络安全。物联网网关需要实现的是感知网络和通信网络的协议转换，上行通信一般都是基于互联网，互联网的通信安全完全适用于网关的上行网络安全。其安全技术包括防火墙技术、IPSec（IP Security）、VPN 及虚拟网络等技术。

1.3.3 物联网面临的安全难点

随着物联网的应用越来越广泛，虽然我们已经在物联网的安全上做了相当多的工作，但是作为新兴的应用，物联网依然面临许多安全问题和安全难点，可以归结为以下几个方面。

1. 能耗、成本和计算能力的选择问题

在感知层的节点大多使用电池供电，功耗问题至关重要，会直接影响

节点设备的使用寿命，在系统器件选择时需要考虑静态功耗和动态功耗，对长期处于休眠状态的设备，静态功耗是关注的重点，对于需要频繁唤醒的节点设备，动态功耗则更为重要；成本是节点设备的另一个至关重要的难题，因为节点端设备众多，些许成本变化就会很大程度地影响系统成本。为了满足物联网连接和数据处理的安全问题，数据处理单元往往需要具备一定的计算能力，高计算能力会需要使用较高等级的处理单元，这会带来成本和功耗的压力，二者之间往往是矛盾的，需要设计者在安全性、成本和使用寿命上折中考虑，选择最适合的方案。

2. 标准化和互联互通的安全问题

标准化是物联网能否成功运行的关键，在物联网的大环境下，各个制造商之间的设备需要互联互通，这就要求厂商、运营商和用户使用标准化接口，标准化就意味着协议的公开，就像 Android 系统和互联网一样，攻击者可以从协议入手攻破系统。在物联网中，很多设备的运行能力有限，不能使用高安全性的算法，安全性问题就显得更为严峻了。

3. 数据存储的安全问题

（1）物联网应用越来越广泛，物联网的节点数量快速增长，需要存储的数据呈几何级增长，存储系统也在不断地增大，在这种海量数据中存储和查找文件变得异常困难。

（2）密钥管理作为多个安全机制的基础，一直是研究的热点，但一直没有找到理想的解决方案。在庞大的物联网中，对密钥、日志等安全信息的存储管理是极大的挑战。

4. 网络传输的安全问题

（1）自组网作为物联网的末梢网，由于其拓扑的动态变化会导致节点间信任关系不断变化，从而给密钥管理带来很大挑战。

（2）物联网中节点数量十分庞大，而且以集群方式存在，因此会导致在数据传输时，由于大量机器的数据发送造成网络拥塞，这必然影响信息的可用性。如何对物联网机器的日志等安全信息进行管理成为新的挑战。

（3）物联网的节点和网关间的通信大部分都是使用无线方式进行连接的。很多网络都使用 2.4GHz 的公共频段，因此同频干扰一个棘手的问题，处理不好会对信息的可用性造成极大影响。

从目前的状况看，物联网对其网络的要求，特别是在可信、可知、可管和可控等方面，远远高于目前 IP 网所提供的能力。

5. 法律法规问题

物联网的应用十分广泛，涉及生活的方方面面，其应用形态也是多种多样，这给信息安全的可控性带来了极大挑战。目前监管体系存在执法主体不集中、法律法规不健全等问题，对重要程度不同的信息系统的监管缺乏标准化和针对性。因此，我国需要从立法角度，明晰统一的法律诠释并建立完善的保护机制。通过政策法规加大对物联网信息涉及国家安全、企业机密和个人隐私的保护力度，以便引导物联网朝着健康、稳定、快速的方向发展。

1.4 金融支付安全技术体系

1.4.1 支付体系

支付体系是一个涵盖金融、政策、标准体系、信息技术、信息传输技术、监管、安全技术及芯片集成等多方面的复杂系统。随着信息传输技术、信息处理技术及处理器计算能力的提升，以及芯片集成技术发展及成本优化等，金融业务得以飞速发展，人们的生活方式、消费方式也随之发生了巨大变化。支付系统也正是在这种情况下应运而生的，它是支付体系的重要分支，它正在成为我国金融行业资金流动和货币支付的一种重要手段。图 1-6 所示为支付体系。

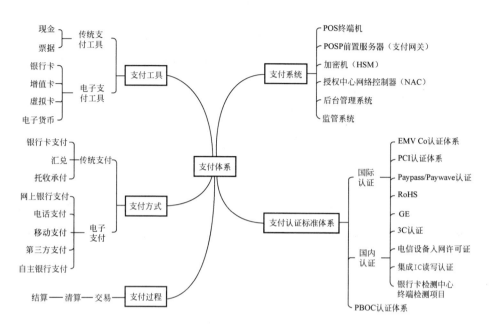

图 1-6　支付体系

支付体系与日常生活息息相关。随着互联网金融的发展和移动支付的普及，支付方式也从传统的现金、支票等方式转向更加便捷安全的电子支付，而其后为这个系统提供支撑的是一个庞大复杂的安全系统。通常在日常生活中发生的每一次支付过程都会经历交易、清算、结算等几个步骤，支付信息将在这个过程中以一定的方式传输，而在这些支付信息中，有些是非常敏感的信息（支付账户、用户密码、支付金额等）。根据金融法规和支付标准体系要求，需要设备系统在交易过程中加以保护，以防泄漏或者被攻击。设备系统对安全的要求已覆盖芯片、硬件系统、软件系统等各个方面，其中很多是金融行业设备，或者是部署在银行和各个支付节点的服务器，也有与消费者接触的、部署在各个商户的 POS 终端机。限于篇幅，本书将集中介绍平时接触较多的 POS 终端机的安全要求，以及如何实现这些需求。

1.4.2 支付体系面临的安全问题

支付体系的基本工作是从银行卡和人机交互界面等处获取交易数据并发送给收单机构、处理收单机构返回的数据、显示交易结果。支付系统刷卡交易流程如图 1-7 所示。

表 1-1 所示为终端交易数据，一次交易涉及主账号、PIN、商户代码等数据信息，有些信息涉及用户卡和交易安全，需要 POS 终端进行保护以防止被窃取泄露从而导致持卡人的经济损失。

需要防篡改的数据包括交易金额、转出转入卡号等，需要防泄露的数据包括账户信息、明文 PIN。

对于 POS 终端，从物理安全角度，提供可信的物理空间，主要是安全芯片及完善的物理防护攻击机制；从逻辑安全角度，通过软件方式保护数据的完整性、真实性和机密性，保证数据传输的安全可靠。

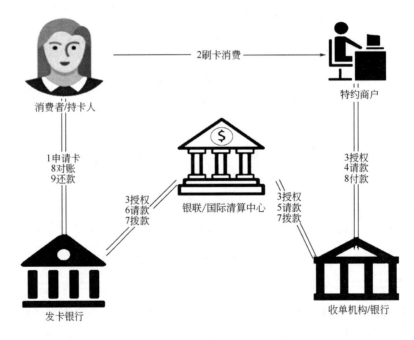

图 1-7　支付系统刷卡交易流程

表 1-1　终端交易数据

类型	数据	类型	数据
账户数据	主账号	交易数据	交易类型
	磁道数据		交易时间
	卡有效期		交易金额
	PIN		批次号
	IC 卡数据		流水号
POS 终端及商户信息	终端代码	金融机构信息	收单机构
	商户代码		发卡行

1.4.3　POS 终端认证标准体系

POS 终端交易涉及社会公众和金融机构的支付安全,其设计、开发、生产等受相关主管部门、国内外银行卡组织及收单机构的监管和认证。随着技术的发展和进步,这些机构、组织也对 POS 终端的生产和支付技术提出了更高的安全要求。

POS 终端主要技术认证涉及行业标准及行业认证、金融行业管理及规范条例、电信行业管理及规范条例等。POS 终端是专用电子信息设备,根据工信部颁布的《电信设备进网管理办法》规定,接入公用电信网的电信终端设备、无线电通信设备和涉及网间互联的电信设备实行进网许可制度。国家质量监督局颁布的《强制性产品认证管理规定》,POS 终端必须经过认证并标注认证标志。在安全性、保密性、稳定性等方面,在国内,中国人民银行、中国银联、银行卡检测中心等制定出台了一批行业规范,对 POS 终端硬件、软件、安全运用等方面做出了全面规范,形成较为完备的认证体系,主要有PBOC 认证。在国外,则由 Visa、万事达、JCB、美国运通公司、DFS 发现金融服务公司 5 家国际信用卡组织于 2006 年联合推出 PCI(Payment Card Industry)认证,以及由国际三大银行卡组织 Europay(已被万事达收购)、MasterCard(万事达卡)和 Visa 共同发起制定的 EMV Co 认证。PCI 认证从

POS 终端机的物理安全性、逻辑安全性、联机安全性、脱机安全性、生产期间的设备安全管理、初始密钥注入前的设备安全管理等多个方面进行严格细致的检测，保证支付卡的设备安全，是目前全球最严格、级别最高的金融机具安全认证标准。EMV Co 认证旨在推进银行磁条卡向芯片卡技术的升级，把现在使用磁条的银行卡改换成使用 IC 卡，主要有 EMV Co Level1 认证和 EMV Co Level2 认证。

1. PCI 认证

早期支付卡安全保障主要是由各个支付卡品牌独立完成的，如 Visa 的 AIS。随着卡支付业务的发展，原先支付卡各自为战的安全标准不利于信息保密的标准统一。2004 年 Visa 和 MasterCard 联合多家机构，成立了支付卡行业数据安全标准委员会（PCI SSC），安全标准委员会的主旨是鼓励所有关键业内机构采用数据安全标准；培养和管理全球范围内有资质的授权扫描服务商（Approved Scanning Vendors，ASV）；邀请机构加入此标准的维护行列。同时，为了建立统一的业界标准，最大限度地降低支付卡风险，安全标准委员会联合制定了旨在严格控制数据存储以保障支付卡用户在线交易安全的数据安全标准，即 PCI-DSS 安全认证标准。

PCI SSC 最高级别的执行委员会（Executive Committee）由 Visa、万事达、JCB、美国运通公司、DFS 发现金融服务公司 5 家支付卡品牌技术专家组成。执行委员会下设管理委员会（Management Committee），负责该安全标准委员会的重大决策。管理委员会设有总经理（General Manager），并设立专门的 DSS 工作组、PED 工作组、QSA 体系管理、ASV 体系管理、PA 体系管理等部门，分别负责各自领域的标准开发和体系维护等技术工作，此外还设有市场工作组和立法委员会。PCI SCC 标准体系图 PCI SCC 标准体系图请参考 PCI SSC 网站介绍，网址为：https://zh.pcisecuritystandards.org/ pci_security/maintaining_payment_security。

支付卡行业 PIN 交易安全标准（PCI-PTS），全称是 PIN Transaction

Security Requirements，是涵盖 POS 终端机安全及相关芯片的一种认证测试，主要面向生产 PED（PIN Entry Device）、EPP（Encrypting PIN Pad）、UPI（Unattended Payment Terminal）、SCR（Secure Card Reader）等设备的厂商。因为这些设备处理持卡人的 PIN 及一些敏感数据，所以对此类设备的安全要求及管理要求都很高。PCI-PTS 每 3 年都会更新以适应新的技术及管理发展，目前最新版本是 V4，新的标准推出后，设备厂商需要根据新标准进行相应的测试才能获取 PCI-PTS 证书。

支付卡行业数据安全标准（PCI DSS）的主要重点是对持卡人数据的保护。PCI DSS 为在任何平台存储、处理或传输的持卡人数据提供所需的控制。对于所有涉及信用卡信息机构的安全方面都有标准的要求，其中包括安全管理、策略、过程、网络体系结构、软件设计的要求列表等，全面保障交易安全。PCI DSS 适用于所有涉及支付卡处理的实体，包括商户、处理机构、购买者、发行商和服务提供商，以及存储、处理或传输持卡人资料的所有其他实体。PCI DSS 安全认证标准有 6 大项、12 小项要求，整个 PCI 安全标准基本围绕这些项目进行。

从 2005 年 10 月起，根据 PCI 组织要求，新 POS 终端机的 PIN 输入设备必须通过产品安全认证；从 2010 年 7 月起，在网络中使用的全部 PIN 输入设备必须通过认证。同时，PCI 组织授权第三方检测实验室对终端 PIN 输入设备产品进行检测，目前已授权多家实验室对 PIN 输入设备进行测试。这些实验室包括：

- 荷兰 Brightsight；

- 加拿大 EWA-Canada Limited；

- 美国 Info Gard Laboratories，Inc.；

- 加拿大 DOMUS IT Security Laboratory；

- 英国 RFI Global Services Ltd.；

● 德国 SRC Security Research & Consulting GmbH；

● 德国 T-Systems ITC Security；

● 澳大利亚 Witham Laboratorie。

PCI 认证分为 PCI1.X（1.0/1.1/1.2）、PCI2.X（2.1）（增加了移机自毁功能，安全性能更高）、PCI3.0、PCI4.0、PCI4.1、PCI5.0（2016 年 8 月公布认证标准）。从 2016 年 8 月开始，停止 PCI4.x 认证，新提交的设备需要通过 PCI5.0 认证。认证通过的信息可在 PCI 官方网站上查询，其网址为 https：// www.pcisecuritystandards.org/approved_companies_providers/approved_pin_tran saction_security.php。

目前生产 POS 终端机的厂商主要是通过 PCI-PTS 认证。PCI-PTS 认证测试从物理安全和逻辑安全两个方面评估测试 PIN 输入设备对持卡人敏感数据保护的能力和强度，并进行打分，且各项分数及总分达标才能通过认证。

2. EMV 认证

1999 年，国际 3 大卡组织 Europay、MasterCard 和 Visa 共同成立 EMV Co 组织，以管理、维护和完善 EMV 智能（芯片）卡的规格标准，EMV Co 制定的银行卡从磁条卡向智能 IC 卡转移的技术标准，已成为公认的、全球统一的在金融 IC 卡支付系统中建立卡片和终端接口的标准，也是在此体系下所有卡片和终端能够互通互用的基础。目前正式发布的版本有 EMV96 和 EMV2000。随着信息技术、微电子技术的发展和 EMV 标准的完善，银行卡从磁条卡向智能 IC 卡迁移是必然的发展趋势，国际组织也在推行 EMV 迁移计划并制订了时间表，按照 EMV 2000 标准，在发卡、业务流程、安全控管、受理市场、信息转接等多个环节推进银行卡从磁条卡向智能 IC 卡技术的升级。

EMV Co 组织提供 EMV Level 1 和 EMV Level 2 认证。

EMV Level 1 认证规范主要是验证终端的电子机械原理和基础运用能否与银行卡安全可靠地互联互通，具体包括以下几点。

（1）插入受理卡片而不引起机械部分的损坏。

（2）提供电源和时钟而不引起电气部分的损坏。

（3）确定支持的协议并与卡片进行通信。

（4）正确地下载卡片以便再利用。

EMV Level 2 认证规范主要是验证高级运用能否进行运用转换，检查持卡人信息和风险管理等，具体包括以下几点。

（1）定义卡片借记卡、信用卡交易的应用需求。

（2）定义卡片与终端间应用处理规范。

（3）卡片与终端的应用软件通常是可访问的。

（4）终端的应用软件可读取卡片应用列表。

（5）定义卡片持有者校验方法，如密码验证。

对于 POS 终端机生产厂商，应通过 EMV 认证，需要提供的材料包括以下几种。

（1）新的或升级的设备（有 EMV 认证的）。

（2）兼容 EMV 的密码键盘。

（3）升级 POS 应用软件。

（4）EMV Co 组织认证。

3．国内银行卡检测中心认证和银联认证

银行卡检测中心项目繁多，主要的认证有 PBOC 认证、集成 IC 卡及读写机许可证和银联认证。

1）PBOC 认证

PBOC 认证是由中国人民银行（The People's Bank of China，PBOC）授权给银行卡检测中心，银行卡检测中心作为独立的第三方检测机构，接受各商业银行及金融机构的委托，按照《中国金融集成电路（IC）卡规范》要求，对进入我国金融业发行和使用的 IC 卡和 IC 卡受理机进行检测认证。

PBOC 认证与 EMV 认证一样，也分为 Level 1 认证和 Level 2 认证，在 EMV 标准的基础上，结合国内银行的需求，颁布了 PBOC1.0、PBOC2.0 和 PBOC3.0 系列规范，主要有 PBOC L1 接触式、PBOC L1 非接触式、PBOC L2 接触式借贷记、PBOC L2 qPBOC 应用等。

2）集成 IC 卡及读写机许可证

集成 IC 卡及读写机许可证由国家质量监督检验检疫总局发证，适用于集成 IC 卡及读写机产品生产许可的实地核查、产品检验等工作。集成 IC 卡及读写机涉及产品划分为几个产品单元，即 IC 卡（带触点）为内部封装一个或多个集成电路的 ID-1 型卡、IC 卡（无触点）为无触点的集成电路卡、双界面 IC 卡为卡中芯片同时具有符合 GB/T 16649 接触式接口和符合 ISO/IEC 14443 非接触式接口的 IC 卡、IC 卡读写机。IC 卡读写机是指各类 IC 卡读写设备、手持式 IC 卡读写机、台式 IC 卡读写机、内置或外置（宿主机微机）的通用 IC 卡读写机等，该类产品可（与计算机或网络）在联机或脱机方式下对 IC 卡完成识别和各种操作。

3）银联认证

银联认证主要是由银联标识产品企业资质认证办公室负责，根据银联技术标准体系为银行磁条卡销售终端产品制作的入网许可证和为 PIN 输入设备制作的银联许可证。

对 POS 终端机厂商，主要涉及 POS 终端认证、电话支付终端（I 型/II 型）认证、PIN 输入设备认证、MIS 供应商认证等。

1.5　未来关键安全技术趋势

■ 1.5.1　轻量级密码学算法在低功耗系统中的应用

为了保证信息的机密性、完整性和不可否认性，在信息传输和存储的过程中需要采用加/解密算法来实现。信息加密的基本过程就是对原有信息按某种算法进行处理，生成不可读的一段编码，通常称为密文，使其只能在输入相应密钥后才能显示出信息本来的内容，通过这样的途径来达到保护信息不被非授权人窃取、阅读的目的。该过程的逆过程为解密，即将该编码信息转化为其原本信息的过程。常见的加/解密算法包括对称加密算法（加/解密密钥相同）、非对称加密算法（加/解密使用不同的密钥）和散列算法。对称加密算法和非对称加密算法通常用于信息加密，保证信息的机密性；散列算法通常应用于消息摘要，防止信息被篡改，保证信息的完整性和不可否认性。

表 1-2～表 1-4 列出了常用算法在运算速度、安全性和资源消耗上的比较，从这些比较表来看 AES 算法、ECC 算法和 MD5 算法适用于资源紧张的物联网节点，但是在物联网节点的应用场景中，很多情况下都会采用电池供电或无源的方式存在，是一个实实在在要求低功耗的系统。传统的高性能密码算法无论在执行时间、处理器资源消耗等方面都无法满足当前低功耗系统的要求，在这种情况下，研究轻量级密码算法在低功耗系统中的应用具有现实的意义。轻量级加密算法在密钥长度、加密轮数等方面做了改进，使之对处理器计算能力的要求和硬件资源的开销均有不同程度的降低，却足以提供所要求的加密特性。

表 1-2　对称加密算法比较

算法名称	密钥长度	运算速度	安全性	资源消耗
DES	56bit	较快	低	中
3DES	112bit 或 168bit	慢	中	高
AES	128bit、192bit、256bit	快	高	低

表 1-3　非对称加密算法比较

算法名称	运算速度	安全性	资源消耗
RSA	慢	高	高
DSA	慢	高	只能用于数字签名
ECC	快	高	低

表 1-4　散列算法比较

算法名称	运算速度	安全性
SHA-1	慢	高
MD5	快	中

当前轻量级算法的研究正如火如荼，涌现了很多有实用价值的轻量级算法，如 LED 算法、GOST 算法、TWINE 算法、RC4 算法、XTEA 算法等。对于普通节点可以采用 AES 算法作为对称加密算法，对于存储器有限节点可以考虑使用 XTEA 算法等对内存开销较小的算法。对于非对称加密算法，一般消耗资源都较多，不是特别适用于对轻量级有较高要求的场合，不过在需要使用非对称加密算法作为轻量级加密算法时，可以选择 ECC 算法（椭圆加密算法）。与 RSA 等算法相比，ECC 算法更适合于资源要求苛刻的场合。

物联网节点端的应用多种多样，各个节点间微控制的性能差异很大，并且各个节点间对功耗、安全等的需求也各不相同。例如，窗帘控制节点和温度采集节点在隐私和功耗方面都会有所不同。针对各个节点的差异，可以选择不同的轻量级安全加密算法（见图 1-8）。在一个网关覆盖的节点内，使用的加密算法越多，对网关中处理器的要求就越高，在设计时可以折中平衡。

图 1-8　网关和节点轻量级安全加密算法运行示意图

■ 1.5.2　区块链技术在物联网安全中的应用

当前的网络技术解决的是数据交互问题，区块链技术解决的是相互信任问题和安全问题。

从通信层面看，区块链是一种网络协议，就像网站编程须遵循 HTTP 协议，否则网站无法互通。邮箱的邮件系统须通过 SMTP 协议进行信息通信，否则邮件无法递送。如果没有统一认可的协议，彼此的通信就会出现问题。总之，区块链与 HTTP 协议、SMTP 协议一样，也是一种网络协议；从数据存储方式看，它是分布式的、非中心化存储，就像一个分布式的账本，所有的记录由多个节点共同完成，每个节点都有完整账目。所有节点参与监督交易是否合法。没有任何节点可单独记账，以避免记录被篡改。归根结底，区块链是一个网络和权限对等的结构，是一个去中心化的结构。在区块链中，任何参与者都是一个节点，每个节点有对等权限[6]。

区块链的基本概念包括交易、区块、链，如果把区块链作为一个状态机，则每次交易就是试图改变一次状态，而每次共识生成的区块，就是参与者对区块中交易内容导致状态改变的结果进行确认。

（1）交易（Transaction）。交易是指一次操作，导致账本状态的一次改变，如添加一条记录。

（2）区块（Block）。区块是记录一段时间内发生的交易和状态结果，是对当前账本状态的一次共识。

（3）链（Chain）。链是由一个个区块按照发生顺序串联而成的，是整个状态变化的日志记录。

区块链主要解决交易的信任和安全问题，它具备四个方面的特征。

（1）分布式账本。分布式账本由分布在不同地方的多个节点共同完成对交易的记录，而且每个节点记录的都是完整的账目，因此它们都可以参与监督交易的合法性，同时也可以共同为其作证，防止数据被篡改。

（2）加密算法。为了保护账户等机密信息，区块链需要采用加密算法，虽然存储在区块链上的交易信息是公开的，但是账户身份信息是被加密的，只有在获得授权的情况下才能访问，从而保证了数据的安全和个人的隐私。区块链中的加密算法和摘要算法，保证了通信数据的机密性。摘要的唯一性和不可抵赖性保证了信息的真实性、完整性和不可抵赖性。

（3）共识机制。为了在所有记账节点之间达成共识，保证记录有效，区块链需要有一个共识机制，就是所有记账节点之间如何达成共识以认定一个记录是否有效。不同的应用会需要不同的共识机制，如比特币使用的共识机制是 PoW（Power of Work），即工作量证明，获得的比特币多少取决于挖矿的有效工作量。

（4）智能合约。智能合约基于这些可信的不可篡改的数据，当达到预设条件时，可以自动化地执行一些预先定义好的规则和条款。

区块链技术应用场景丰富，目前已经具备的链路形态包括公有链、私有链、联盟链等。

（1）公有链。公有链对所有参与者开放，是"完全去中心化"的一种形态，所有人都可以读取区块链上的信息，可以发起交易，也可以参与验证交易。公有链的特性包括访问权限开放、数据默认公开及用户免受开发者影响等。

（2）私有链。私有链是其参与权限由某个组织和机构控制的区块链，是"单中心化"的一种形态，只有被许可的节点才可以参与并且查看所有数据。私有链的特性包括极低的交易成本、极快的交易速度及良好的隐私保护等。

（3）联盟链。联盟链是对联盟的组成成员开放，由他们共同参与管理的区块链，是"多中心"的一种形态，每个成员都运行着一个或多个节点，其中的数据只允许系统内不同的成员间进行读写和发送交易，并且共同记录交易数据。联盟链具有运行和维护成本低、交易速度快、扩展性高及与私有链相比可信度更高等优点。

既然区块链可以解决信任和安全问题，那么在物联网应用中使用区块链技术对整个物联网有什么好处呢？

（1）提高物联网的整体安全性。传统的物联网架构都有中心网关及各个运营商的云端服务器，去中心化的网络架构，使用分布式验算和存储，各个节点之间是平等的关系，不存在管理节点，系统中的数据块由整个系统中具有维护功能的节点来共同维护，图 1-9 显示了去中心化的物联网架构。利用区块链技术的去中心化特性，数据块将分布存储在多个智能设备或多个云端服务器中，这样可以预防中心化设备瘫痪造成整个系统的瘫痪，提高数据的安全性；利用区块链技术的共识，区块链中的各个节点都可参与记录共识验算，一旦信息经过验证并添加至区块链，就会永久地存储起来，除非攻击者能同时挟持系统中超过 51% 的节点，使伪造的信息通过共识验算，否则对单个节点上的数据进行修改是无效的，因此区块链技术可以保证物联网系统数据是可信赖的；区块链让所有参与交易的主体可以在每一笔交易记录中增加时间戳信息，账本中的每一张账单记录都是有时序的，这使得区块链中的每一条交易记录都是可追溯源的。

（2）提高物联网的商用价值。如果将区块链技术应用到物联网中，将极大提高物联网的商用价值，物联网不仅仅具有数据采集的功能，更重要的是物联网需要提供各种各样的服务才会具有更强的生命力。区块链中的数据块除了私有信息外其他信息都是公开的，任何系统中的用户都可以通过公开的接口查询区块链数据块，并利用查询到的数据来开发新的服务；系统中的节点都基于特定的共识机制来记录数据，整个系统中的所有节点能够在去信任的环境中自由安全地交换数据，任何人为的干预不起作用，使得"机器信任"成为可能，极大地改善了系统的运营成本，也保护了系统中用户的隐私。

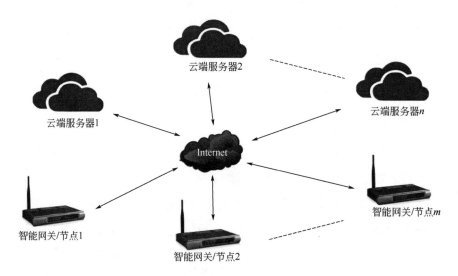

图 1-9　去中心化的物联网架构

在物联网环境下，各个智能设备的计算能力非常有限，能量消耗也十分受限，在这种条件下，并不是所有的智能设备都具备区块链需要的哈希计算能力，故在将区块链技术应用到物联网时，可以考虑采用公有链、私有链、联盟链灵活组合的方式来架设，只在算力满足要求的网关和云端服务器上承担账本记录和共识核算工作。

随着社会智能化进程的推进，智能设备越来越多，利用区块链技术可以让它们互相感应和通信，让真实数据信息自由流转，并根据设定的条件自主交易。区块链让所有交易同步、总账本透明安全，个人账户匿名、隐私受保护，可点对点高效运作。"机器产生的信任"将成为驱动世界前进的重要方式，它跟人工智能和大数据一起成为改变人类生活及工作的重要方式。

第 2 章

Chapter 2

嵌入式应用安全关键技术

本章将揭示一些安全关键技术，在此之前，先简要了解一下密码学技术知识。密码学技术是指对与信息安全相关的数学技术的研究，信息安全是指信息的私密性、数据完整性、实体可靠性和数据源可靠性等。密码学技术不仅涉及信息安全，它还是一套完整的技术。密码学技术 4 个最根本的目标分别是：

- 隐私性或私密性；

- 数据完整性；

- 可靠性；

- 不可抵赖性。

密码学技术原语如图 2-1 所示。

在大概了解了密码学技术的知识后，下面逐一对 6 大安全关键技术进行详细介绍，这 6 大安全关键技术全部建立在密码学技术知识之上，它们分别是加/解密、随机数、防篡改、私密数据管理、身份认证与识别、旁路攻击防护。

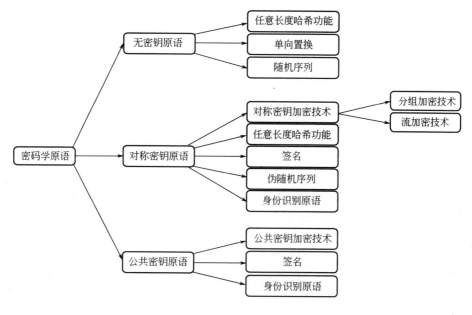

图 2-1　密码学技术原语

2.1　加/解密

2.1.1　加/解密的基本概念

你能读懂下面这段文字吗？

"Dszg rh Xibkgltizksb?

Dliw rh wvirevw uiln Tivvp uli srwwvm dirgrmt; Nvzmh lu hvxfirmt z nvhhztv hl gszg rg xzmmlg yv ivzw yb gsriw kzigrvh; Xibkgltizksb szh yvvm zilfmw z ivzoob olmt grnv. Vmxibkgvw gzyovgh wzgvh ~1900 Y.X. szev yvvm wrhxlevivw.; Vziob vmxibkgrlm dzh hrnkov. Fhfzoob qfhg z hrnkov hfyhgrgfgrlm; Gsv zwevmg lu xlnkfgvh szh ovw gl nfxs nliv xlnkovc xibkgltizksb. Nlwvim xibkgltizksb rh yzhvw lm fmhloezyov nzgs kilyovnh. "

我们会毫不犹豫地说："它是一堆乱码，是不可能被读懂的。"

其实，它是一段用一套古老的加密技术加密过的密文，称为"Atbash"。其含义为："什么是加密技术？"

加密技术（Cryptography）一词源于希腊语，意思是：用于隐藏信息，以使第三方无法阅读的技术加密技术已经存在很长一段时间了，迄今人类发现的最早的加密技术应用是公元前1900年的加密药片。早期的加密技术相对简单，通常只是简单的替换。随着计算机的诞生，加密技术演化得越来越复杂，现代加密技术是基于不可解的数学难题来实现的。

加/解密技术是电子信息工程采用的安全保密措施，是最常用的安全保密手段。加密技术是指将敏感而重要的信息、数据通过技术手段进行扰乱存储、传送；解密技术是指将扰乱存储、传送的敏感而重要的信息、数据通过相应的手段进行还原。

加/解密技术包含算法和密钥两个组件。当算法正向执行时，是将可以理解的信息转换成不可以理解的密文；当算法逆向执行时，是将不可以理解的信息转换成可以理解的明文。软件的加密与解密是一个实用的研究领域，被称为密码学。密钥加/解密技术按密码体制分为对称密钥体制（见图2-2）和非对称密钥体制（见图2-3）[12]两种，相应地，按数据加/解密技术分为对称加密和非对称加密。对称加密的代表是数据加密标准（Data Encryption Standard，DES）算法，而非对称加密的代表是 RSA（Rivest Shamir Ad1eman）算法。对称加密时加密密钥与解密密钥是一样的；而非对称加密时加密密钥与解密密钥是不一样的，称为一对公私密钥，其中公钥可以公开而私钥则需要保密。

1. 对称加/解密技术

对称加/解密技术又分为对称分组加密技术和对称流加密技术，对称加/解密技术的特征如下：用于提供隐私保护，任何人试图窥探其数据是毫无意义的；发送者与接收者共享同一个密钥，这个密钥用于加密明文，也同时

用于解密密文。它的典型代表有数据加密标准（DES）、3DES、Rijndael
加密算法（AES）。

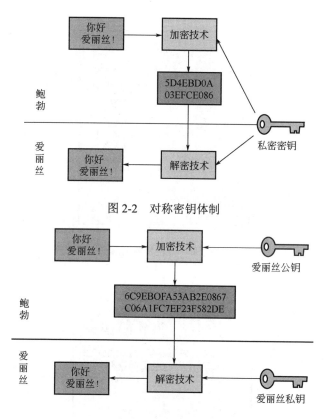

图 2-2 对称密钥体制

图 2-3 非对称密钥体制

数据加密标准（DES）属于分组加密技术（见图 2-4），由 IBM 开发设计
并于 20 世纪 70 年代中期被定义为加密技术标准。数据按照 64 位进行分组，
密钥由 56 位有效密钥位和 8 位校验位组成，总共也是 64 位。随着现代计算
机速度的大幅提升且由于 DES 技术的密钥长度太短，DES 技术越来越容易被
破解，已经发现大量暴力破解 DES 加密技术的案例了。

3DES 又称为 TDES 或 Triple DES，它采用和 DES 一样的算法原理，只
是用 3 个不同的密钥执行 3 次单个 DES 加/解密技术（见图 2-5）。对于 2 个
密钥的情况，要求执行第 1 次 DES 加/解密技术的密钥与执行第 3 次 DES 加/

解密技术的密钥一致。对于 3 个密钥的情况，有效的密钥长度是 168 位；对于 2 个密钥的情况，有效的密钥长度是 112 位。

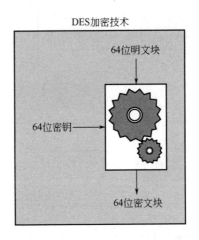

图 2-4　分组加密技术

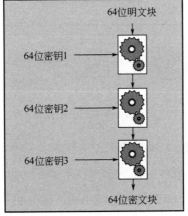

图 2-5　3DES 加/解密技术

1997 年，NIST 提出了一个新加密算法的需求，在经过大量论证之后，NIST 选择了 Rijndael 加密算法，通常被称为 AES 加密技术。数据以 128 位进行分组，密钥长度有 128 位、192 位和 256 位（见图 2-6）。

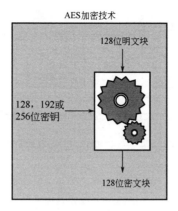

图 2-6 AES 加密技术

　　每种分组加密技术内，又演化出各种加密模式，称为分组加密技术的操作模式。在密码学领域内，分组加/解密技术的操作模式是一种使用分组加/解密技术为信息提供私密性或可靠性服务的算法。分组加/解密技术自身只适合对一组固定比特长度（标记为"块"）进行安全的密码学变换。操作模式则指出如何重复地利用密码学的单一块变换来完成比单一块长得多的数据的安全变换。

　　ECB 模式加密、CBC 模式加密及 OFB 模式加密如图 2-7～图 2-9 所示。

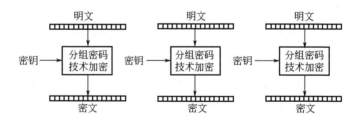

图 2-7 ECB 模式加密

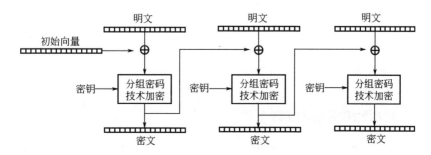

图 2-8 CBC 模式加密

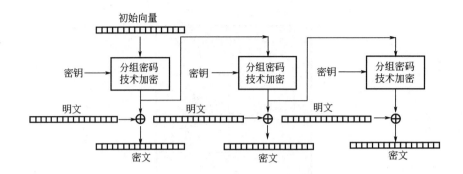

图 2-9 OFB 模式加密

对于分组对称加/解密技术而言，解密操作过程就是加密操作过程的逆向工程。

2. 非对称加/解密技术

非对称加/解密技术又称为公钥加密技术，它的特征为：采用一对密钥，其中一个密钥用于加密运算，而另一个密钥用于解密运算，如图 2-3 所示。

RSA 技术和密码技术椭圆曲线（ECC）是当前两个大量运用的公钥加密技术，采用公钥加密而私钥进行解密的技术，可以保证信息私密地进行交换传输；采用公钥解密而私钥进行加密的技术，可以对信息进行认证。非对称加/解密技术的缺点是执行非常费时，而且同样 N 位密钥长度的非对称加/解密技术比同样 N 位密钥长度的对称加/解密技术要弱，如 2400 位密钥长度的 RSA 技术与 112 位密钥长度的 3DES 强度差不多，而执行时间却比后者慢了几百甚至上千倍。非对称加/解密技术主要用于加密密钥交换和在会话剩余部分用到的对称加/解密技术的一些参数数据。

■ 2.1.2 加/解密的实现方法

1. 对称加/解密技术实现

在着手实现一个对称加/解密技术之前，我们首先要了解的就是这个对称加/解密技术的整体结构，以数据加密标准为例。

　　数据加密标准算法的整体结构如图 2-10 所示。有 16 个相同的功能块处理，标记为"轮"。同时还有一个初始置换和一个末置换，分别标记为"初始置换"和"末置换"，它们是互逆的。初始置换和末置换均没有密码学意义，但是却被含在数据加密标准算法的整体结构内，这是为了与 20 世纪 70 年代中期的 8 位处理器硬件兼容。

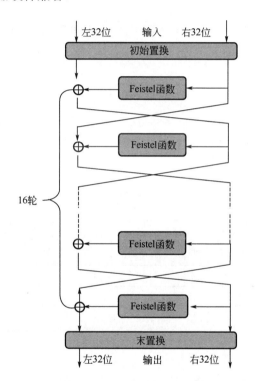

图 2-10　数据加密标准算法的整体结构

　　在 16 个相同的轮操作之前，一个 64 位数据块被对半分拆为两个 32 位并被交替地进行处理。这种交叉处理就是众所周知的 Feistel 体系。Feistel 体系确保了加密和解密的处理过程是非常相似的；唯一的不同点是，在解密处理过程中，子密钥以逆向的顺序被使用。算法的其他部分都是完全相同的。这种结构极大地简化了实现的复杂度，尤其对于用硬件实现的数据加密标准算法，因为实现时不需要分开对待加密算法和解密算法。

符号"⊕"表示位异或操作。Feistel 函数会抓取 64 位消息块的一半与子密钥一起进行处理。而 Feistel 函数的输出则会与 64 位消息块的另一半进行合并处理，并且在进入下一轮处理前这两个半边将会进行互换。在经过最后一轮处理后，这两个半边不再需要互换操作。由此可见，Feistel 体系的特征是使加密和解密有相似的处理过程。

因此，实现的重点或者最小实现单元就是 Feistel 函数。下面将深入 Feistel 函数内部进行剖析，如图 2-11 所示。Feistel 函数一次处理 32 位半块消息，包含 4 个处理阶段。

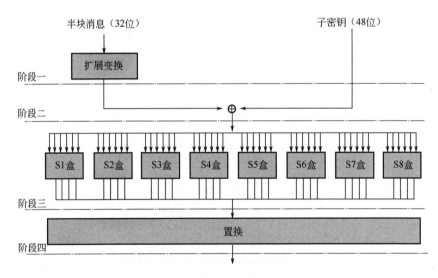

图 2-11　Feistel 函数内部结构

阶段一：扩展变换。

通过应用图 2-11 内的扩展变换功能模块将 32 位半块消息扩展到 48 位，扩展变换是通过复制一半比特位实现的。因此，扩展变换的输出是由 8 个 6 位片组成的（8×6=48 位），每 6 位片包含相应的 4 个输入位，再加上与输入位片两旁毗邻的比特位。

阶段二：混合密钥。

将扩展变换功能模块的输出与子密钥进行位异或操作。共有 16 个 48 位子密钥，每一轮使用其中一个子密钥。48 位子密钥是通过应用密钥次序表（其机制说明请参见以后内容）从初始主密钥中派生出来的。

阶段三：S 盒替换。

在完成混合密钥之后，应用 S 盒替换处理过程之前，48 位信息块将会被分成 8 个 6 位片。相应地有 8 个 S 盒，每个 S 盒将 6 位输入替换成 4 位输出，用查表方式完成一次非线性变换。8 个 S 盒是数据加密标准算法安全性的核心部分，没有这 8 个 S 盒，数据加密标准算法将完全由线性部分组成，将没有任何安全性可言。

阶段四：置换。

最后，S 盒替换功能模块的 32 位输出将通过应用一个固定置换，也称为 P 盒，重新安排位序。在 P 盒置换之后，Feistel 函数就完成了，在上一轮中每个 S 盒输出的位将会交叉延展到下一轮中的 4 个不同的 S 盒输出。

des_expanse_transmission、des_sbox_subitraction、des_fixed_permuation 和 des_feistel_ function 函数如下。

函数一　des_expanse_transmission。

```
int des_expanse_transmission    (
                                des_uint8 in_halfblock[32],
                                des_uint8 out_exblock[48]
                                )
{
    int cnt;
    des_uint8 temp[48];
    memcpy( out_exblock,in_halfblock,32 );
    for( cnt = 0;cnt < 48;cnt++ ){
        temp[cnt] = out_exblock[e_table[cnt]];
    }
```

```
            memcpy( out_exblock,temp,48 );
            return 0;
    }
```

函数二 des_sbox_subitraction。

```
int des_sbox_subitraction   (
                                des_uint8 inp_sbox[48],
                                des_uint8 out_sbox[32]
                                )
    {
        int cnt;
        int line,row,output;
        int cur1,cur2;
        des_uint8 data[48];
        memcpy( data,inp_sbox,48 );
        for   ( cnt = 0;cnt < 8;cnt++ ){
            cur1 = cnt*6;cur2 = cnt<<2;
            line =( data[ cur1 ]<<1 )+data[ cur1+5 ];
            row =( data[ cur1+1 ]<<3 )+( data[ cur1+2 ]<<2 )+( data[ cur1+3 ]<<1 )+
data[ cur1+4 ];
            output = SBOX[ cnt ][ line ][ row ];
            data[ cur2 ]        =( output & 0x08 )>>3;data[ cur2+1 ] =( output & 0x04 )>>2;
            data[ cur2+2 ] =( output & 0x02 )>>1;data[ cur2+3 ] =( output & 0x01 );
        }
        memcpy( out_sbox,data,32 );
        return 0;
    }
```

函数三 des_fixed_permuation。

```
int des_fixed_permutation (
                                des_uint8 inp_sbox[48],
                                des_uint8 out_feistel[32]
                                )
    {
        int cnt;
        des_uint8 temp[32];
```

```
    for( cnt = 0;cnt < 32;cnt++ )
    {
        temp[ cnt ] = inp_sbox[ p_table[ cnt ] ];
    }
    memcpy( out_feistel,temp,32 );
    return 0;
}
```

函数四　des_feistel_function。

```
int des_feistel_function (
                        des_uint8    in_halfblock[32],
                        des_uint8    in_subkey[48],
                        des_uint8    out_feistel[32]
                        )
{
    int cnt;
    des_uint8 temp[48];
    des_expanse_transmission( in_halfblock,temp );
    xor( temp,in_subkey,48 );
    des_sbox_subitraction ( temp,temp );
    des_fixed_permutation ( temp ,out_feistel );
    return 0;
}
```

从 Feistel 函数内部结构中，我们不难发现，除了 32 位半块消息，还需要输入 48 位子密钥。数据加密标准算法不可或缺的部分就是子密钥产生处理过程，它被标记为"密钥次序表"。

如图 2-12 所示为密钥次序表的内部处理结构，按照它的流程就可以产生 16 个子密钥。首先，应用置换选择一（标记为 PC-1）从 64 位初始主密钥中提取出有效的 56 位主密钥，剩余的 8 位主密钥被抛弃或者作为奇偶校验。有效的 56 位主密钥又被对半拆分成两个 28 位主密钥，每一半被分别处理。在相继的轮中，两个 28 位主密钥都会被循环左移 1 位或 2 位（循环左移位数每轮预先指定）。然后，应用置换选择二（标记为 PC-2）左半部产生的 24 位与右半部产生的 24 位合并成 48 位子密钥。循环移位意味着在每个子密钥内应用一套不同位设置，每位使用来自 16 个子密钥中的大约 14 位。

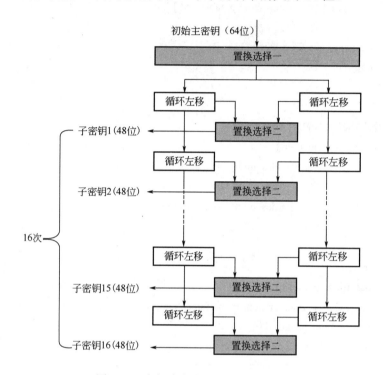

图 2-12　密钥次序表的内部处理结构

用 C 语言来实现密钥次序表函数的例子如下。

函数一　des_PC1_ permuation。

```
int des_PC1_permutation(
                    des_uint8 in_mainkey[64],
                    des_uint8 out_pc1key[56]
                    )
{
    int cnt;
    for(cnt = 0;cnt < 56;cnt++)
    {
        out_pc1key[cnt] = in_mainkey[pc1_table[cnt]];
    }
    return 0;
```

```
}
```

函数二　des_PC2_ permuation。

```
int des_PC2_permutation   (
                          des_uint8 inp_rotlkey[56],
                          des_uint8 out_pc2key[48]
                          )
{
    int cnt;
    for(cnt = 0;cnt < 48;cnt++)
    {
        out_pc2key[cnt] = inp_rotlkey[pc2_table[cnt]];
    }
    return 0;
}
```

函数三　des_rotate_left。

```
int des_rotate_left   (
                      des_uint8 rotalkey[56],
                      des_uint8 shiftbits
                      )
{
    des_uint8 temp[56];

    memcpy( temp,rotalkey,shiftbits );
    memcpy( temp+shiftbits,rotalkey+28,shiftbits );

    memcpy( rotalkey,rotalkey+shiftbits,28-shiftbits );
    memcpy( rotalkey+28-shiftbits,temp,shiftbits );

    memcpy( rotalkey+28,rotalkey+28+shiftbits,28-shiftbits );
    memcpy( rotalkey+56-shiftbits,temp+shiftbits,shiftbits);

    return 0;
}
```

函数四 **des_key_schedule**。

```
int des_key_schedule     (
                         des_uint8 in_mainkey[64],
                         des_uint8 out_subkey[16][48]
                         )
{
    des_uint8 temp[56];
    int cnt;
    des_pc1_permutation( in_mainkey,temp );
    for(cnt = 0;cnt < 16;cnt++)
    {
        des_rotate_left(temp,rfl_table[cnt] );
        des_pc2_permutation( temp,out_subKeys[cnt] );
    }
    return 0;
}
```

2．非对称加/解密技术实现

在实现一个非对称加/解密技术之前，首先要了解非对称加/解密技术的工作原理。与对称加/解密技术有所不同的是，非对称加/解密技术利用的一些技术是当今数学界公认的计算难题。例如，RSA 算法利用的大数因式分解是数学领域内的计算难题，椭圆曲线密码算法利用的椭圆曲线离散对数也是数学领域内的计算难题。所以，非对称加/解密技术不会像对称加/解密技术那样对整体结构及内部结构进行剖析，而是从数学四则运算的角度来解析，进而用编程的方法实现目的。下面以 RSA 公钥算法为例进行说明。

RSA 公钥算法从上至下包含两个部分：协议处理和数学运算基建。数学运算基建是它的根基，是算法的核心部分，也是密码学在技术上的体现。首先解析数学运算基建部分，该部分包含 4 个阶段，分别是密钥对生成、密钥分发、公钥模指数运算和私钥模指数运算。

1）密钥对生成

（1）选择两个不同的素数，分别记作素数 p 和素数 q。基于安全性上的考虑，为了增加因式分解的难度，这两个大整数 p 和 q 要求以随机的方式获取，并且它们的量级切近，它们的长度也是切近的，允许有少许不同。通常可以使用素性检测来高效地检测大整数 p 和 q 的素数性。

（2）计算 p 与 q 的乘积，记作 $n=p \cdot q$。n 被作为公钥和私钥幂模指数运算的取模值，n 的长度就是 RSA 算法的密钥长度，一般以比特位为单位。

（3）计算 n 的欧拉 φ 函数值，$\varphi(n)=\varphi(p)\varphi(q)=(p-1)(q-1)$。$\varphi(n)$ 必须被很好地、私密地保护起来，而素数 p 和素数 q 则可以销毁。

（4）选择一个整数 e，使 $1<e<\varphi(n)$，并且使 e 与 $\varphi(n)$ 的最大公约数为 1，标记为 $\gcd(e, \varphi(n))=1$，即 e 和 $\varphi(n)$ 互质。e 被作为公钥的指数部分，它的特点是具有较短的位数和较小的汉明重量，在做公钥幂指数运算时可以使计算更有效率。

（5）确定私钥指数，标记为 d。d 是 e 的乘法逆元素对 $\varphi(n)$ 取模，记作 $d \equiv e^{-1}(\bmod \varphi(n))$。显然，可以推导出 $de \equiv 1(\bmod \varphi(n))$。$d$ 被作为私钥的指数部分。

通过以上 5 个步骤的计算，就可以生成一对 RSA 密钥。RSA 公钥是由公钥指数 e 和取模值 n 构成的，标记为（n, e）。相似地，RSA 私钥是由私钥指数 d 和取模值 n 构成的，标记为（n, d），其中 d 必须被很好地、私密地保存起来。至此，素数 p、素数 q 和 $\varphi(n)$ 都是可以销毁的。

2）密钥分发

假定鲍勃想发送一条信息给爱丽丝。如果鲍勃和爱丽丝决定采用 RSA 公钥算法来保护他们之间的信息传递，鲍勃需要知道爱丽丝的 RSA 公钥，并用爱丽丝的公钥加密要发送的信息，而爱丽丝可以用她的 RSA 私钥解密鲍勃发来的信息。为了让鲍勃加密要发送的消息，爱丽丝需要通过可靠的途径将自己的公钥（n, e）传送给鲍勃，但是不需要私密地传送，爱丽丝的私钥 d 是永远不会被分发出来的。

3）公钥模指数运算

在鲍勃收到爱丽丝分发给他的公钥之后，他就可以开始对信息数据进行加密处理了。数学计算模型是对明文（标记为 m）做模指数运算，计算结果就是可以直接发送给爱丽丝的密文（标记为 c）。记作：$c \equiv m^e \pmod{n}$。

4）私钥模指数运算

爱丽丝收到鲍勃发来的密文后，可以用自己的私钥 d 将密文恢复成明文。数学计算模型是对密文（标记为 c）做模指数运算，计算结果就是还原的明文（标记为 m），记作：$m \equiv c^d \pmod{n}$。利用数学方法推导的过程，记作：$c^d \equiv (m^e)^d \equiv m \pmod{n}$。

用 C 语言实现密钥对生成、公钥幂指数运算和私钥模指数运算的例子如下。

函数一 rsa_generate_pairkey。

```c
int seclib_rsa_gen_key( rsakey_t *key,
                        int(*f_rng)(void *, unsigned char *,unsigned int),
                        void *p_rng,
                        unsigned int rsabits,int exponent )
{
    int ret;
    bgint P1,Q1,H,G;
    if( f_rng == NULL || rsabits < 128 || exponent < 3 )return( SECLIB_ERR_RSA_BAD_INPUT_DATA );
    bgint_init( &P1 );bgint_init( &Q1 );bgint_init( &H );bgint_init( &G );
    /* find primes P and Q with Q < P so that:GCD( E,(P-1)*(Q-1))== 1 */
    SECLIB_CHK( bgint_assign_int( &key->E,exponent ));
    do {
        SECLIB_CHK( bgint_gen_prime( &key->P,( rsabits + 1 )>> 1,f_rng,p_rng ));
        SECLIB_CHK( bgint_gen_prime( &key->Q,( rsabits + 1 )>> 1,f_rng,p_rng ));
        if( bgint_cmp_signed( &key->P,&key->Q )< 0 )bgint_exch( &key->P, &key->Q );
        if( bgint_cmp_signed( &key->P,&key->Q )== 0 )continue;
        SECLIB_CHK( bgint_mul( &key->N,&key->P,&key->Q ));
```

```
        if( bgint_bits( &key->N )!= rsabits )continue;
        SECLIB_CHK( bgint_sub_int( &P1,&key->P,1 ));
        SECLIB_CHK( bgint_sub_int( &Q1,&key->Q,1 ));
        SECLIB_CHK( bgint_mul( &H,&P1,&Q1 ));
        SECLIB_CHK( bgint_gcd( &G,&key->E,&H ));
    }while( bgint_cmp_int( &G,1 )!= 0 );
    /* D   = E^-1 mod((P-1)*(Q-1)),DP = D mod(P - 1),DQ = D mod(Q - 1),QP = Q^-1
mod P */
    SECLIB_CHK( bgint_inv_mod( &key->D ,&key->E,&H    ));
    SECLIB_CHK(bgint_mod_reduce( &key->DP,&key->D,&P1 ));
    SECLIB_CHK( bgint_mod_reduce( &key->DQ,&key->D,&Q1 ));
    SECLIB_CHK( bgint_inv_mod( &key->QP,&key->Q,&key->P ));
    key->len =( bgint_bits( &key->N )+ 7 )>> 3;


check_exit:
    bgint_deinit( &P1 );bgint_deinit( &Q1 );bgint_deinit( &H );bgint_deinit( &G );
    if( ret != 0 ){
        seclib_rsa_deinit( key );
        return( SECLIB_ERR_RSA_KEY_GEN_FAILED + ret );
    }
    return( 0 );
}
```

函数二　rsa_publickey。

```
static int rsa_public( rsakey_t *key,
                       const unsigned char *input,
                       unsigned char *output )
{
    int ret;
    int olen;
    bgint T;
    bgint_init( &T );
    SECLIB_CHK( bgint_from_bytes( &T,input,key->len ));
    if( bgint_cmp_signed( &T,&key->N )>= 0 ){
        bgint_deinit( &T );
        return( SECLIB_ERR_RSA_BAD_INPUT_DATA );
```

```
        }
        olen = key->len;
        SECLIB_CHK( bgint_exp_mod( &T,&T,&key->E,&key->N,&key->RN ));
        SECLIB_CHK( bgint_to_bytes( &T,output,olen ));
check_exit:
        bgint_deinit( &T );
        if( ret != 0 )
            return( SECLIB_ERR_RSA_PUBLIC_FAILED + ret );
        return( 0 );
    }
```

函数三 rsa_privatekey。

```
static int rsa_private( rsakey_t *key,
                        int(*f_rng)(void *,unsigned char *,unsigned int),
                        void *p_rng,
                        const unsigned char *input,
                        unsigned char *output    )
    {
        int ret;
        int olen;
        bgint T,T1,T2;
        bgint_init( &T );bgint_init( &T1 );bgint_init( &T2 );
        SECLIB_CHK( bgint_from_bytes( &T,input,key->len ));
        if( bgint_cmp_signed( &T,&key->N )>= 0 ){
            bgint_deinit( &T );
            return( SECLIB_ERR_RSA_BAD_INPUT_DATA );
        }
        SECLIB_CHK( bgint_exp_mod( &T,&T,&key->D,&key->N,&key->RN ));
        olen = key->len;
        SECLIB_CHK( bgint_to_bytes( &T,output,olen ));
check_exit:
        bgint_deinit( &T );bgint_deinit( &T1 );bgint_deinit( &T2 );
        if( ret != 0 )
            return( SECLIB_ERR_RSA_PRIVATE_FAILED + ret );
        return( 0 );
    }
```

函数四　bgint_mod_exponent。

```
int bgint_exp_mod( bgint *X,const bgint *A,const bgint *E,const bgint *N,bgint *_RR )
{
    int ret;
    bgint T;
    uint16_t max_size;
    // check input
    if( bgint_cmp_int( N,0 )< 0 ||( N->dp[0] & 1 )== 0 )return( SECLIB_ERR_BIGINT_
BAD_INPUT_DATA );
    if( bgint_cmp_int( E,0 )< 0 )return( SECLIB_ERR_BIGINT_BAD_INPUT_DATA );
    int neg =( A->si == -1 );
  if(neg){ return(SECLIB_ERR_BIGINT_BAD_INPUT_DATA);}
    max_size = N->nb;SECLIB_CHK( bgint_enlarge( X,max_size ));
    bgint_init(&T);        SECLIB_CHK( bgint_enlarge( &T,max_size ));
    if(bgint_cmp_unsigned(A,N)== 1){
        if(ret = INT_ModRed((uint8_t *)(A->dp),BIGINT_BYTES(A),(uint8_t *)(N->dp),
BIGINT_ALLOC_BYTES(N),(uint8_t *)(T.dp),&max_size)){ goto check_exit;}
    }
    else {
        SECLIB_CHK( bgint_dump( &T,A ));
    }
    if(_RR != NULL && _RR->dp != NULL ){
        SECLIB_CHK(INT_ModMul_MinMout((uint8_t    *)(T.dp),BIGINT_BYTES(&T),
(uint8_t *)(_RR->dp),BIGINT_BYTES(_RR),(uint8_t *)(N->dp),BIGINT_BYTES(N),(uint8_t
*)(T.dp),&max_size));
        if(ret = INT_ModExp_Min((uint8_t   *)(T.dp),BIGINT_BYTES(&T),(uint8_t
*)(N->dp),BIGINT_BYTES(N),(uint8_t   *)(E->dp),BIGINT_BYTES(E),(uint8_t   *)(X->dp),
&max_size)){
#ifdef DEBUG_MODE_PRINTF
            seclib_printf("INT_ModExp_Min failed!\n");
#endif
        }
    }
```

```
    else {
        if(ret = INT_ModExp((uint8_t *)(T.dp),BIGINT_BYTES(&T),(uint8_t *) (N->dp),
BIGINT_BYTES(N),(uint8_t *)(E->dp),BIGINT_BYTES(E),(uint8_t *)(X->dp), &max_size)){
#ifdef DEBUG_MODE_PRINTF
            seclib_printf("INT_ModExp failed!\n");
#endif
        }
    }
check_exit:
    bgint_deinit( &T );
    return( ret );
}
```

■ 2.1.3　加/解密的应用场景

随着信息技术的飞速发展，加/解密技术应用场景越来越深入人们的工作及生活。在这里仅列出很少一部分例子：安全网页服务器（SSL）、安全脚本（SSH）、安全 IP 通信（IPSec）、POS 应用、固件可靠性和新固件加密或签名。

1．对称加/解密技术应用

1）对称加/解密技术用于保证私密性的实例

爱丽丝想发送一些私密的资料给鲍勃，她先用私密密钥加密了这些待发送资料数据，再将这些加密过的数据发送给鲍勃。鲍勃有与爱丽丝相同的私密密钥，这个私密密钥是爱丽丝与鲍勃事先通过安全渠道协商好的。鲍勃收到这些密文后，用同样的密钥将其解密就可以阅读资料了。

2）对称加/解密技术用于数据可靠性的实例

爱丽丝想发送一条消息给鲍勃，为了保证这条待发送的消息没有被恶意篡改，且是来源于受鲍勃信任的爱丽丝发来的，爱丽丝使用对称算法的消息认证码模式对这条消息的内容进行处理，并将对称算法的消息认证码模式的输出拼接到这条消息的尾部。最后将这条带有认证码的消息发给鲍勃。鲍勃收到这条消息后，首先用与爱丽丝相同的对称算法的消息认证码模式处理消息内容，然后将利用对称算法的消息认证码模式计算出的结果与接收到的结果进行对比。如果比对结果完全相同，那么就接受并阅读这条消息内容；如果比对结果不相同，那么鲍勃就会丢弃这条消息。使用哪种对称算法的消息认证码模式及该模式算法所必需的密钥信息，是爱丽丝与鲍勃事先通过安全渠道协商好的。

2．非对称加/解密技术应用

1）非对称加/解密技术用于保证私密性的实例

爱丽丝想发送一条私密消息给鲍勃，鲍勃创建了一对密钥（包含一个公钥和一个私钥），然后将公钥发给爱丽丝。爱丽丝使用鲍勃的公钥加密一条消息，并将这条加密的消息发给鲍勃。鲍勃收到这条消息后，用他的私钥解密这条加密消息。由于鲍勃是唯一一个可以访问这个私钥的人，所以他是唯一一个可以解密后阅读这条消息的人。

2）非对称加/解密技术用于可靠性（基于数字签名）的实例

鲍勃想发送一条消息给爱丽丝，为此鲍勃创建了一对密钥（包含一个公钥和一个私钥）。鲍勃用自己的私钥加密了这条消息，之后鲍勃将这条加密过的消息发给爱丽丝。爱丽丝用鲍勃的公钥解密了这条消息。因为鲍勃是唯一可以访问这个私钥的人，所以他是唯一一个可以加密这条消息的人。基于此爱丽丝可以确定这条消息只可能是由鲍勃发给她的。

3）非对称加/解密技术用于应对中间人攻击的实例

通信未被攻击，如图 2-13 所示。

通信被中间人攻击，如图 2-14 所示。

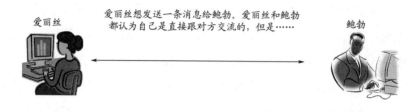

图 2-13　通信未被攻击

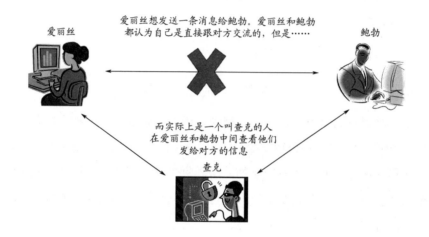

图 2-14　通信被中间人攻击

通信被中间人攻击的图解剖析，如图 2-15～图 2-17 所示。

从通信被中间人攻击的图解剖析中，我们不难发现问题发生在图 2-14 中的公钥分发过程。原因在于鲍勃给爱丽丝发送自己的公钥时没有加上自己的签名信息，才导致攻击者查克可以随意篡改鲍勃的公钥信息。解决通信被中间人攻击的漏洞方法是用发送证书的方式来进行公钥的分发，替代仅仅只发送一个公钥这种方式，证书一般包含：①公钥；②公钥创建者的身份信息；③证书发布时间和过期时间；④证书创建者的数字签名信息。

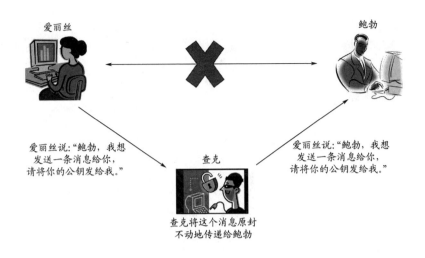

图 2-15　被攻击情形之初始消息

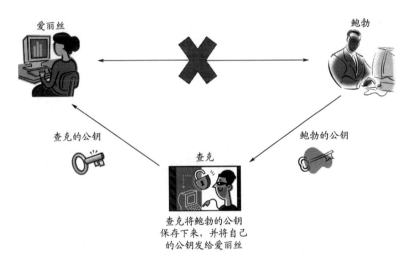

图 2-16　被攻击情形之公钥分发

因此，证书的制作者必须是受信任的机构组织。

3．密码学技术综合应用

由于与对称加/解密技术相比，非对称加/解密技术加/解密速度比较慢，通常使用非对称加/解密技术进行身份验证和会话建立。在协商会话时，两个通信节点通常将交换出应用于基于对称加/解密技术剩余部分会话的密钥。

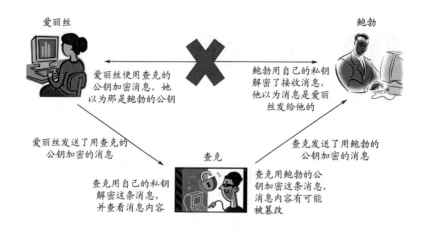

图 2-17　被攻击情形之私密消息传递

2.2　随机数

■ 2.2.1　随机数的基本概念

在解释随机数的基本概念之前，我们必须了解一个物理学概念——熵（Entropy）。

熵的概念是由德国物理学家克劳修斯于 1865 年提出的，最初熵是用来描述"能量退化"的物质状态的参数之一。但在那时，熵仅仅是一个可以通过热量改变来测定的物理量，其本质没有很好的解释，后来随着统计物理、信息论等一系列科学理论的发展，熵的本质才逐渐被揭示出来，即熵的本质是一个系统内在的混乱程度。

随机数是专门的随机试验的结果，随机试验结果揭示出被测试数据随机性的强弱。随机性是指事件缺乏规律和可预测性。一些事件、符号或步骤的随机序列没有顺序可言，而且不遵循任何清楚的规律或组合，这样的随机事件具有不可预测性。

1．随机数的应用

随机数在科学、统计学、密码学、艺术等领域有广泛的用途。例如，随机对照测试中的随机分派帮助科学家进行假设试验。

在应用上对随机性等级需求不同，就会相应地产生不同方法。在数学领域里，随机化、伪随机化和准随机化均有各自的优缺点，这些不同的特质同样存在于真随机数生成器和伪随机数生成器之间。例如，对于应用于密码学技术领域内的随机数，通常要求非常严格；而在其他领域内的应用，如产生每日格言，则可以使用更为宽松的伪随机性标准。

不可预测的随机数普遍地应用于绝大部密码学技术体系中，密码学技术体系在现代通信中提供保证安全性的措施，如通信私密性、通信可靠性等，本书仅讨论随机数在密码学范畴里的应用。

如果用户想应用某个加密解密技术，最好选择随机数作为该加/解密算法的密钥。被选为密钥的随机数必须有高混乱的熵，这种高混乱的熵的不可预测性会增加攻击困难度。而仅有低混乱的熵属性的密钥，则容易被攻击者猜测出来，导致安全性不能得到保证。想象一下，如果一个简单的 32 位线性同余伪随机数生成器产生的随机数，在大部分编程语言中使用 rand 函数或者 rnd 函数，被选为密钥的来源，它仅仅可以提供大约 40 亿个可能值，其后它再生成的数据就会重复。甚至在应用了更好的伪随机数生成器后，如果传递给伪随机数生成器的种子是可猜测的，则它仍然是不安全的，这将导致产生可预测的密钥，从而降低安全性。对于加/解密技术领域内随机数的应用，真随机数是最理想的，但却难以获得。因此，来源于硬件随机数生成器产生的高质量的伪随机数成为大家的必然选择。

真随机数要求从理论上推导，证明其安全性，当用它作为加密算法的密钥时，才可以真正做到一次一密。在这种条件下，是唯一被证明牢不可破的。再者，这些随机序列永不可重复和永不可被攻击者猜测，这意味着它必然是由一个永远持续可操作的生成器产生的。

由于真随机数难以获得，在密码学范畴里，通常假定一个攻击者可能进行猜测尝试的上限值，当然这个上限值是非常大的。如果一个硬件伪随机数生成器可以产生"足够难"预测的随机数，那么由它产生的随机数，再作为种子传递给软件伪随机数生成器后，则可以认为这个软件伪随机数生成器产生的随机数达到与真随机数生成器产生的随机数几乎一样强的随机性，然后就可以将这样的伪随机数生成器产生的伪随机数应用于各种密码学技术体系应用场景内。这样的伪随机数生成器被称为密码学技术上安全的伪随机数生成器。

2. 随机数的产生

随机数的产生是指生成一些比随机概率更好且不能合理地被预测的数字和字符序列，通常通过硬件随机数生成器产生，随机数生成器记作"RNG"。

根据随机数的各种不同应用，相应地就发展出各种不同的随机数据产生过程，从古至今有无数随机数据产生技术，如扔骰子、掷硬币和洗扑克牌等。由于这些技术的自然机械性，要产生满足统计学上需求的大量随机数据，会需要长时间操作。而如今，随着基于计算机技术的随机数产生器的发展，使用硬件随机数生成器（RNG）替代传统随机数产生方法，使随机数的生成变得更加高效。产生随机数的最早期的一些方法主要应用于游戏领域。但是统计学领域和密码学技术领域的大多数应用就则发展得太慢，不能满足应用要求。

1）物理生成器

物理随机数生成器的原理是基于具有本质随机性的原子或次原子的物理现象，这样的物理现象具有的不可预测性可以追溯到量子力学的规律。放射衰变、热噪声、散粒噪声、齐纳二极管的雪崩噪声、时钟漂移和无线电噪声等都能够作为熵的来源。然而，这些物理现象和用于测量它们的工具普遍都带有不对称性和系统偏差，这将使它们的结果不能一致随机。可以应用密码学技术的散列函数等随机性抽离器来处理采自非均匀随机源的比特，虽然会牺牲位速率但能使其达到比特的均匀分布。

混沌激光器和放大自发散噪声源等宽带光子熵源的应用，极大地加速了物理随机数生成器的开发。至今人们已经发明出各种极具想象力的方法来采集这些物理熵信息源。其中一项技术是对视频流的帧数据这一不可预测的源进行散列函数运算。熔岩随机数就是运用这一技术对多个熔岩灯图像进行处理，从而输出随机数。HotBits 测量了 Geiger Muller 管子的放射衰变，而 Random.org 则利用由通用的无线电记录仪记录的变化的大气噪声幅值从而输出随机数。

基于电路的随机数生成器包括以下几种。

（1）振荡器采样。Intel 810 RNG 芯片通过热噪声（由导体中电子的热振动引起）放大作用，影响一个由电压控制的振荡器，再通过另一个高频振荡器收集数据，得到随机数。

（2）直接放大电路噪声。直接放大电路噪声直接以热噪声等电路噪声为随机源，通过运算放大，统计一定时间内达到阈值的信号数，以此得到随机数。

（3）电路亚稳态。2010 年，德国研究团队开发出一种真随机数生成器，它使用计算机内存双态触发器作为随机的额外层，触发器可随机地在 1 或 0 状态中切换，在切换之前，触发器处于行为无法预测的"亚稳态"。在亚稳态结束时，内存中的内容为完全随机的。研究人员对一个触发器单元阵列的试验显示，这种方法产生的随机数比传统方法产生的随机数"随机"约 20 倍。

（4）混沌电路。混沌电路的输出结果对初始条件很敏感、不可预测，且在 IC 芯片中易集成，可产生效果不错的真随机数。

2010 年，比利时物理学家 S. Pironio 和同事利用纠缠粒子的随机性和非局域性属性创造出了真随机数。

2011 年，加拿大渥太华物理学家 Ben Sussman 利用激光脉冲和钻石创造了真随机数。Sussman 的实验室使用持续几万亿分之一秒的激光脉冲照射钻石，激光射出的方向发生了改变。Sussman 称这种改变与量子真空涨落的相互作用有关，在量子法则中这种作用是不可知的，他认为这可以用于创造真正的随机数。

2012 年，澳大利亚国立大学的科学家从真空环境中的亚原子噪声中获取随机数，创造了世界上最快的随机数生成器。在量子力学中，亚原子对会持续自发地产生和湮灭，通过监听真空环境内亚原子粒子量子涨落产生的噪声，可以得到真正的随机数。

另一个常见的熵源是采集系统内用户的行为。然而从需求上看，人不是具有好的随机性的来源，但在玩混合策略游戏时，人会表现出很好的随机行为。一些处理安全问题的计算机软件要求用户进行一系列漫长的鼠标或键盘操作，以产生随机密钥或初始化伪随机数生成器所需的充分熵。

2）算法生成器

大多数计算机系统都是通过伪随机数生成器来产生随机数的，记作："PRNGs"。这些伪随机数生成器是一些可以长时间运作自动产生具有好随机性随机数的算法，但还是会出现重复或内存使用超出边界的情况。这种随机数在很多情况下都是好的且能满足需求，但是并没有像使用电磁大气噪声作为熵源产生的随机数那样好的随机性。这些用 PRNGs 算法产生的一系列随机数通常由一个固定的、被称为种子的序列数来决定。最常用的 PRNGS 算法是线性同余随机数生成器，它采用递推的方式，公式如下：

$$X_n+1=(a\,X_n\,b)\bmod m;$$

为了产生随机数，式中参数 a、b 和 m 均为大整数，同时 X_n+1 表示一个伪随机数序列中 X 的下一个数。从公式中我们可以得出，这些伪随机数序列中的最大者也小于模 $m-1$。为了避免简单线性同余随机数生成器产生某些非随机属性的数，可以采用带有稍微不同值系数 a 的乘法器的多个简单同余随机数生成器并行使用的方法，从这几个简单随机数生成器中选择一个作为主随机数生成器。

大多数计算机编程语言都提供随机数生成器的函数和库例程。它们通常提供一个随机字节、随机字或者一个均匀分布在 0 与 1 之间的浮点数。

这些由库函数生成的随机数的随机性质量各不相同，从完全可预测的随机性质量极差到能满足密码学技术安全要求的都有。在许多编程语言中，如 Python、Ruby 和 PHP 等，默认的随机数生成器算法都是基于 Mersenne Twister 算法的，它并不能够满足密码学技术安全需求，这点在编程语言的文档内是明确注明的。这些库函数常常仅有非常差的统计学属性，并且有些在经过几万次测试之后就会出现重复序列。这些库函数在初始化时常常只是用计算机的实时时钟作为种子，即使这些时钟通常用远超出人的计算精度来计算，它们输出的随机数质量仍然也是差的。这些库函数可能可以为某些应用提供具有足够随机性的随机数，如视频游戏；但是不适合对具有高质量随机性要求的应用，如密码技术体系应用、统计学和数值分析应用领域等。

现如今大多数操作系统都可以提供高质量随机数，而且上面提及的编程语言内也是提供了访问更高质量熵源的方法，以获得高随机性的随机数。例如，PuTTYgen 的随机数是让用户移动鼠标达到一定长度，然后将鼠标的运动轨迹转化为种子，由此产生随机数。

Linux 自 1.3.30 版就在内核提供了真随机数生成器（至少是理论上），它利用机器的噪声生成随机数，噪声源包括各种硬件运行时速、用户和计算机交互时速。如击键的间隔时间、鼠标移动速度、特定中断的时间间隔和块 I/O 请求的响应时间等。

3. 随机性的测试

随机性测试或测试数据的随机性是对大量数据的评估，用于分析此组数据是否随机无序地分布。在对随机性建模的计算机模拟环境内，通过对随机性进行正式严格的测试可以验证输入数据的内在随机性，能够显示出输入数据在此随机性模型中是否是有效随机的。有些时候，输入数据暴露出明显的非随机序列性。例如，本希望在 0～9 中随机取值，但获取的序列是"4，3，2，1，0，4，3，2，1，0……"如果选定的数据序列在测试中失败了，则可以更改测试参数或使用其他随机数据序列，以便通过随机性测试。

针对二进制序列随机性的测试有许多已实现的测试方法，这些已被实现的方法包括基于统计测试的方法、基于变换的方法和基于两者混合的更复杂的方法等。随机性检测原理共有 15 项，如表 2-1 所示。

表 2-1　随机性检测项

随机性检测原理	
（1）单比特频数检测	单比特频数检测是最基本的检测，用于检测一个二元序列中 0 和 1 的个数是否相近
（2）块内频数检测	块内频数检测用于检测待检序列的 m 位子序列中 1 的个数是否接近 $m/2$。对随机序列来说，其任意长度的 m 位子序列中 1 的个数都应该接近 $m/2$
（3）扑克检测	对任意正整数 m，长度为 m 的二元序列有 2^m 种。扑克检测用于检测这 2^m 种子序列类型的个数是否接近
（4）重叠子序列检测	对任意正整数 m，长度为 m 的二元序列有 2^m 种。重叠子序列检测将长度为 n 的待检序列划分成 n 个可叠加的 m 位子序列。对随机二元序列来说，由于其具有均匀性，故 m 位可叠加子序列的每一种模式出现的概率应该接近
（5）游程总数检测	游程是二元序列的一个子序列，由连续的 0 或 1 组成，并且其前导和后继元素都与其本身的元素不同。游程总数检测主要检测待检序列中游程的总数是否服从随机性要求
（6）游程分布检测	连续 1（或 0）的一个游程称为一个块（或一个间断）。如果待检二元序列是随机的，则相同长度游程的数目接近一致。一个长度为 n 的随机二元序列中长度为 i 的游程的数目期望值为 $e_i=(n-i+3)/2^{i+2}$
（7）块内最大"1"游程检测	将待检序列划分成 N 个等长的子序列，根据各个子序列中最大"1"游程的分布来评价待检序列的随机性
（8）二元推导检测	二元推导序列是由初始序列生成的一个新的序列。第一次二元推导序列是一个长度为 $n-1$ 的二元序列，它是通过依次将初始序列中两个相邻位做异或操作所得的结果。长度为 $n-k$ 的第 k 次二元推导序列，是成功执行上述操作 k 次所得的结果序列。 二元推导检测的目的是判定第 k 次二元推导序列中 0 和 1 的个数是否接近一致
（9）自相关检测	自相关检测用于检测待检序列与将其左移（逻辑左移）d 位后所得新序列的关联程度。一个随机序列应该和将其左移任意位所得的新序列一样都是独立的，故其关联程度也应该很低

续表

随机性检测原理	
（10）矩阵秩检测	矩阵秩检测用于检测待检序列中给定长度的子序列之间的线性独立性。由待检序列构造矩阵，然后检测矩阵的行或列之间的线性独立性，矩阵秩的偏移程度可以给出关于线性独立性的量的认识，从而影响对序列随机性好坏的评价
（11）累加和检测	累加和检测将待检序列的各个子序列中最大的偏移（与 0 之间），也就是最大累加和与一个随机序列应具有的最大偏移相比较，以判断待检序列的最大偏移是过大还是过小。实际上，随机序列的最大偏移应该接近 0，所以累加和不能过大，也不能过小（累加和可以是负数）。根据最大偏移值来判断待检序列的随机程度
（12）近似熵检测	近似熵检测通过比较 m 位可重叠子序列模式的频数和 $m+1$ 位可重叠子序列模式的频数来评价其随机性
（13）线性复杂度检测	将待检序列划分成 N 个长度为 M 的子序列，此时 $n=NM$，然后利用 Berlekamp-Massey 算法计算每个子序列的线性复杂度 L_i，计算 $T_i=(-1)^M(L_i-\mu)+2/9$，其中 $\mu=M/2+[9+(-1)^{m+1}]/36-[1/2^M(M/3+2/9)]$
（14）Maurer 通用统计检测	Maurer 通用统计（简称通用统计）检测主要检测待检序列能否被无损压缩。如果待检序列能被显著地压缩，则认为该序列是不随机的，因为随机序列是不能被压缩的
（15）离散傅里叶检测	离散傅里叶变换检测使用频谱的方法来检测序列的随机性。对待检序列进行傅里叶变换后可以得到尖峰高度，根据随机性的假设，这个尖峰高度不能超过某个门限值（与序列长度 n 有关），否则将其归入不正常的范围；如果不正常的尖峰个数超过了允许值，即可认为待检序列是不随机的

■ 2.2.2　随机数的实现方法

产生随机数有很多种不同的方法，这些方法称为随机数生成器。随机数最重要的特性是它前后产生的两个数之间毫无关系。随机数应用在密码学范畴里，其随机性由弱到强依次为伪随机数、密码学安全的伪随机数和真随机数。

1. 硬件随机数生成器的实现

在如今的计算机系统内，硬件随机数生成器或称为真随机数生成器（TRNG）是通过物理过程而不是编程程序产生随机数的模块。这类模块常常基于可以产生低级且统计上随机的"噪声"信号，如热噪声、光电效应、电子束分裂器和其他量子物理等的细微现象。在理论上,这些随机过程是完全不可预测的,而且在理论上对不可预测性的断言是根据实验测试结果得出的结论。典型的硬件随机数生成器是由将物理现象的某个方面转换成电信号的传感器、放大随机波动的幅度到可以测量水平的放大器,以及相关电路和将测量电路的输出转换成二进制数字序列的模数转换器组成的。通过对随机变化的信号进行多次采样,可以获得一组随机数序列。硬件随机数生成器如图 2-18 所示。

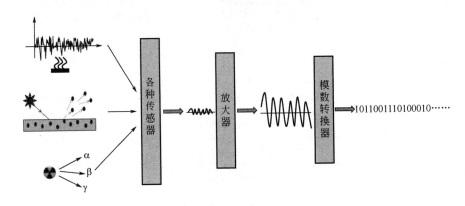

图 2-18　硬件随机数生成器

基于电路的硬件随机数生成器具有更好的操作性,如图 2-19 所示。

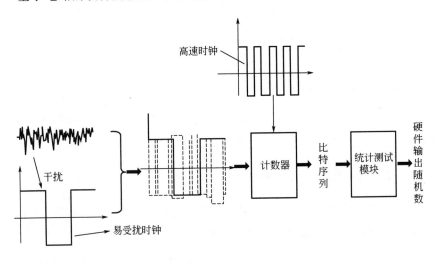

图 2-19　基于电路的硬件随机数生成器

2．密码学技术安全的伪随机数生成器的实现

一般地，硬件随机数生成器每秒产生有限数量的随机比特位。为了提升产生随机数的速率，硬件随机数生成器的输出常常作为更快速的密码学技术安全的伪随机数生成器的熵源或种子。图 2-20 和图 2-21 是以 CTR_DRBG 伪随机数生成器为例的 DRBG 构成和基于分组加/解密算法的确定性随机数生成器。

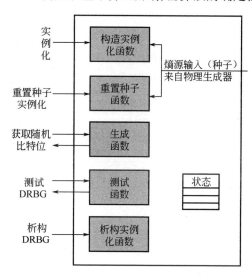

图 2-20　DRBG 构成

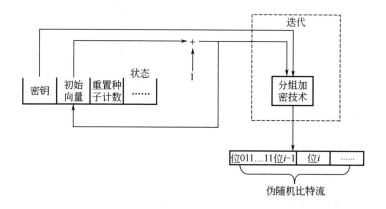

图 2-21　基于分组加/解密算法的确定性随机数生成器

函数一 实例化函数。

```
/*
 * Non-public function wrapped by ctr_crbg_init(). Necessary to allow NIST
 * tests to succeed(which require known length fixed entropy)
 * P62 Instantiation When a Derivation Function is Used ,but not use nonce */
int ctr_drbg_init_entropy_len(
                    ctr_drbg_context *ctx,
                    int(*f_entropy)(void *,unsigned char *,size_t),
                    void *p_entropy,
                    const unsigned char *custom,
                    size_t len,
                    size_t entropy_len )
{
    int ret;
    unsigned char key[CTR_DRBG_KEYSIZE];
    memset( ctx,0,sizeof(ctr_drbg_context));
    memset( key,0,CTR_DRBG_KEYSIZE );
    aes_init( &ctx->aes_ctx );
    ctx->f_entropy = f_entropy;
    ctx->p_entropy = p_entropy;
    ctx->entropy_len = entropy_len;
    ctx->reseed_interval = CTR_DRBG_RESEED_INTERVAL;
    /*
     * Initialize with an empty key
     */
    ctr_drbg_set_key(ctx,key,CTR_DRBG_KEYSIZE);
    if(( ret = ctr_drbg_reseed( ctx,custom,len ))!= 0 )
        return( ret );
    return( 0 );
}
```

函数二 重置种子函数。

```
int ctr_drbg_reseed( ctr_drbg_context *ctx,
                        const unsigned char *additional,size_t len )
{   /* CTR_DRBG_Reseed_algorithm P64 Reseeding When a Derivation Function is Used */
```

```
    unsigned char seed[CTR_DRBG_MAX_SEED_INPUT];
    size_t seedlen = 0;
    if( ctx->entropy_len + len > CTR_DRBG_MAX_SEED_INPUT )
        return( SECLIB_ERR_CTR_DRBG_INPUT_TOO_BIG );
    memset( seed,0,CTR_DRBG_MAX_SEED_INPUT );
    /* Gather entropy_len bytes of entropy to seed state*/
    if( 0 != ctx->f_entropy( ctx->p_entropy,seed,ctx->entropy_len ))
    {
        return( SECLIB_ERR_CTR_DRBG_ENTROPY_SOURCE_FAILED );
    }
    seedlen += ctx->entropy_len;
    /* Add additional data*/
    if( additional && len )
    {
        memcpy( seed + seedlen,additional,len );seedlen += len;
    }
    /* Reduce to 384 bits*/
    block_cipher_df( seed,seed,seedlen );
    /* Update state */
    ctr_drbg_update_internal( ctx,seed );
    ctx->reseed_counter = 1;
    return( 0 );
}
```

函数三　生成函数。

```
/* P66 Generating Pseudorandom Bits When a Derivation Function is Used for the DRBG
Implementation*/
    int ctr_drbg_random_with_add( void *p_rng,
                                  unsigned char *output,size_t output_len,
                                  const unsigned char *additional,size_t add_len
                        )
    {
        /*
```

```
int ret = 0;
ctr_drbg_context *ctx =(ctr_drbg_context *)p_rng;
unsigned char add_input[CTR_DRBG_SEEDLEN];
unsigned char *p = output;
unsigned char tmp[CTR_DRBG_BLOCKSIZE];
int i;
size_t use_len;
uint32_t    dumy_ecb_output_len;
if( output_len > CTR_DRBG_MAX_REQUEST )
    return( SECLIB_ERR_CTR_DRBG_REQUEST_TOO_BIG );
if( add_len > CTR_DRBG_MAX_INPUT )
    return( SECLIB_ERR_CTR_DRBG_INPUT_TOO_BIG );
memset( add_input,0,CTR_DRBG_SEEDLEN );
if( ctx->reseed_counter > ctx->reseed_interval || ctx->prediction_resistance )
{
    if(( ret = ctr_drbg_reseed( ctx,additional,add_len ))!= 0 )return( ret );
    add_len = 0;
}
if( add_len > 0 )
{
    block_cipher_df( add_input,additional,add_len );
    ctr_drbg_update_internal( ctx,add_input );
}
aes_start_crypt(    &ctx->aes_ctx,SECLIB_SYMMETRIC_MODE_ECB,AES_ENCRYPT,
ctx->key,CTR_DRBG_KEYSIZE,NULL );
    while( output_len > 0 )
    { /** Increase counter**/
        for( i = CTR_DRBG_BLOCKSIZE;i > 0;i-- )
            if( ++ctx->counter[i - 1] != 0 )break;
        /* Crypt counter block*/
        aes_crypt_ecb(    &ctx->aes_ctx,ctx->counter,CTR_DRBG_BLOCKSIZE,tmp,
&dumy_ecb_output_len );
        use_len =( output_len > CTR_DRBG_BLOCKSIZE )? CTR_DRBG_BLOCKSIZE:
```

output_len;

    /** Copy random block to destination*/

    memcpy(p,tmp,use_len);p += use_len;output_len -= use_len;

   }

   aes_end_crypt(&ctx->aes_ctx,NULL,0,NULL,&output_len);

   ctr_drbg_update_internal(ctx,add_input);

   ctx->reseed_counter++;

   return(0);

  }

2.2.3　随机数的应用场景

  由随机数生成器生成的随机数主要用于产生私密密钥、每会话私密、随机口令、防旁路攻击和在密码学算法上大量类似的其他使用。

1．随机数用作密钥示例

  取随机数用作产生密钥的流程如图 2-22 所示。

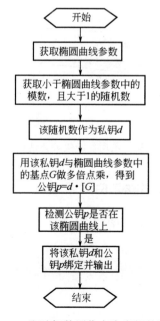

图 2-22　取随机数用作产生密钥的流程

2. 随机数用作每会话私密示例

取随机数用作产生每会话私钥的交互流程如图 2-23 所示。

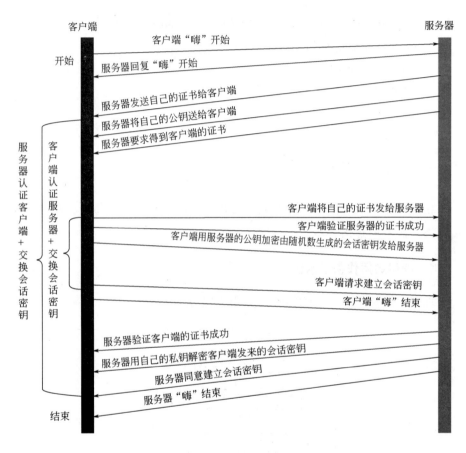

图 2-23　取随机数用作产生每会话私钥交互流程

3. 随机数用作防旁路攻击示例

取随机数用作防旁路攻击如图 2-24 所示。

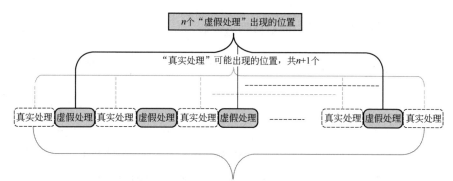

假定：有 n 次虚假处理+1 次真实处理，则真实处理可随机插入的位置有 $n+1$ 个
注：
1. 虚假处理须具有与真实处理相同的对同样的输入进行处理和相似的旁路特性
2. 虚假处理个数由随机数确定，可以给定一个最大值和一个最小值
3. 真实处理插入的位置由随机数确定，位置 $\in [0, n+1]$

图 2-24　取随机数用作防旁路攻击

2.3　防篡改

2.3.1　防篡改的基本概念

潜在的安全挑战非常多，其中篡改是非常严重的潜在威胁之一。篡改是指篡改者在没有得到终端厂商或用户同意的情况下，擅自修改其产品。为了提高效率和安全，各国政府越来越多地在若干职能部门中发展"可连接的"基础设施，包括公共安全、能源管理、医疗和市政服务。假如黑客通过篡改的手段操纵了这些系统，影响范围将从危机演变成潜伏的灾难。例如，篡改电网将会从非法虹吸电力演变成一个地区或国家的全电网故障。

为了防止黑客修改产品信息、服务的内容和产品硬件，防篡改技术应运而生。防篡改的范围从简单的功能（如带有特殊驱动器的螺钉）到更复杂的设备，加密外设元器件之间的所有传输数据，使设备无法通过外部操作，或使用需要特殊工具或知识才能篡改的材料。防篡改技术设备有一个或多个组件功能：防篡改、篡改检测、篡改响应和篡改证据。在某些应用中，设备只是设计了可查询篡改证据，而没有加入防篡改技术。

防篡改技术是让黑客难以修改产品的整套方法。防篡改技术包括软件防篡改和物理防篡改。

1. 软件防篡改

软件防篡改中的防篡改软件是指使攻击者难以修改的软件，涉及的防篡改措施可能是被动的，如混淆以使逆向工程变得困难或者结合物理篡改检测技术，防篡改软件目的在于使产品发生故障，或者如果发生修改则产品根本不操作。防篡改软件技术通常会使逻辑软件稍微大一些，并且还会影响产品性能。目前还没有100%可靠的软件防篡改方法，因此防篡改领域里攻击者与软件防篡改技术之间是"道高一尺魔高一丈"的复杂关系。篡改通常是恶意的，它通过未经授权的修改来改变计算机程序代码和行为，从而控制软件的某些方面。例如，安装 rootkit 和后门、禁用安全监控、破坏身份验证、注入恶意代码窃取数据或获得更高的用户权限，更改控制流和通信，以软件盗版为目的绕过许可证代码，提取代码干扰数据或算法和伪造。软件应用程序在从开发和部署到运行和维护的整个生命周期内都面临遭黑客篡改和更改代码的隐患。

程序防篡改检测技术通常是通过监视软件以检测篡改风险来完成的。这种类型的防御通常称为恶意软件扫描程序和防病毒应用程序。软件防篡改技术用于将应用程序转化为自己的安全系统，通常使用软件中的特定代码完成，以便在发生篡改时进行检测。这种防篡改防御可能采用运行时间完整性检查的形式进行，如循环冗余校验和反调试措施、加密或混淆。虚拟机内的执行已成为近年来商用软件中常用的防篡改方法，常被用于 StarForce 和 SecuROM 等。一些防篡改软件使用白盒密码术，即使密码计算在调试器中被完整详细地观察到，密钥也不会泄露。最近的研究趋势是篡改容错软件，篡改容错软件的目的是纠正篡改的影响，并允许程序继续，像未经修改一样。

2. 物理防篡改

物理防篡改是用于阻碍、阻止或检测未授权访问设备，或规避不安全系统的方法。物理防篡改主要运用物理篡改检测技术手段来完成。物理篡改检测技术的目的是提供任何物理尝试删除设备外壳的证据。一些特殊的嵌入式机制会通过硬件驱动清除嵌入式系统内存储的敏感数据。这类信息可以是密钥或其他个人数据。物理篡改检测技术会与软件防篡改技术结合实施防篡改保护。尽管这些技术经常会结合使用，但物理篡改检测技术与防复制和可信硬件等相关技术依然有所不同。

通过机械的手段，如某些设备使用非标准螺钉或螺栓，以阻止进入。例如，电话交换机柜（含三角头螺栓、内六角配合）和计算机硬盘驱动器。计算机硬盘驱动器通常具有用于螺钉连接的星形头，也称为 Torx 头。

通过电子的手段，这种物理防篡改方法最常见于防盗报警器中。大多数跳闸装置（如压力垫、被动红外传感器、门开关）使用两根信号线，根据配置它们通常是开路或常闭的。传感器有时需要电力，为了简化电缆的运行，一般使用多芯电缆。对于需要供电的设备而言，4 个内核通常是足够的（留两个备用），也可以使用带有额外内核的电缆。这些额外的内核可以连接报警系统中所谓特殊的"篡改电路"。防篡改电路除像其他物理防篡改技术一样外，还具有 24 小时不间断监视受保护的特殊系统部分。如果入侵者试图绕过防篡改电路，会有触发警报的风险。运动探测器、倾斜探测器、气压传感器、光传感器等传感器也可以用于一些防盗报警装置中。

■ 2.3.2　防篡改的实现方法

1. 软件防篡改的实现

防篡改技术可用于任何需要安全保证的嵌入式设备中，如智能卡。在这种情况下，问题不在于怎样阻止用户破坏设备；而是怎样阻止黑客提取代码，阻止黑客获取信任得到授权，阻止不受信的访问和窥探。通常是通过在每个芯片中藏匿内部信号、状态不可访问的子系统功能及确保芯片之间的通信总线被加密来完成的。

在许多情况下，防篡改技术机制也使用证书和非对称密钥加密。在所有这些情况下，防篡改意味着不允许用户访问设备的有效证书或公私钥。使软件免受篡改攻击的过程称为"软件防篡改"。

软件被认为是防篡改的，因为它包含使逆向工程变得更加困难的措施，或者防止用户不根据制造商的意愿对软件进行修改，如限制用户对产品的访问权限，常用的方法是代码混淆。软件的有效防篡改要比硬件困难得多，因为通过仿真可以将软件环境调整到接近任意程度。实施可信芯片保护措施将使修改软件防篡改的程序至少与修改硬件防篡改的设计一样困难，因为用户必须破解信任芯片以提供虚假证明达到绕过远程证明和密封存储的防篡改设计的目的。但是，目前的规范清楚地表明，芯片不能防止任何情况下复杂的物理攻击，也就是说，防篡改设备系统安全不能全部依赖芯片提供的软件防篡改设计，还需要在系统上提供物理防篡改设计。实施可信保护措施的副作用是软件维护将变得更加复杂，因为软件更新需要验证，升级过程中的错误可能会导致保护机制误报。

为了防止黑客修改产品信息或服务内容，产品在软件设计环节中必须遵循以下基本概念。①完整性：保证信息接收者接收到的内容没有被篡改；②可靠性：确保信息来源于预期的发送者；③机密性：使用隐藏机制保护明文信息；④不可抵赖性：可确保发送方不能否认发送的信息。

完整性例程如下：

```
/*
 * @brief calculate message hash in sha256 algorithm.
 *   @param block_input point to hold input data in a limited buffer of ram memory
 *   @param block_length hold the length of input data in a limited buffer of ram memory
 *   @param hash_output point to hold output hash result for the data of block_input
```

```
    *    @param string_length hold the length of the total message to be hashed,mostly stored
in flash
    *    @param start_block_flag hold the first block flag for initialzing output of sha256
    *    @param end_block_flag hlod the last block flag for padding at the end of the message
    *    @return if 0 on success else -1 on fail.
    */
    int sha256_calculate_hash(
                                unsigned char *block_input,
                                unsigned int block_length,
                                unsigned int *hash_output,
                                unsigned int string_length,
                                unsigned char start_block_flag,
                                unsigned char end_block_flag
                                )
    {
        unsigned int blocks,remind,I,bit_length;
        unsigned char padding_length;

        if( start_block_flag ){ cau_sha256_initialize_output( hash_output );}
        blocks = block_length / CRYPTO_BLOCK_LENGTH;
        remind = block_length % CRYPTO_BLOCK_LENGTH;
        if(remind > 0){ if(!end_block_flag){ return -1;} }

        if( end_block_flag )
        {
            if( remind > 0 )
            {
                /*get padding length:padding special case when 448 mod 512*/
                /*working with bytes rather than bits*/
                if(remind < CRYPTO_MAX_PADDING_LENGTH)
                {
    padding_length = CRYPTO_MAX_PADDING_LENGTH - remind;
    blocks = blocks + 1;
                }
                else
                {
```

```
        padding_length  =  CRYPTO_MAX_PADDING_LENGTH  +  CRYPTO_BLOCK_L
ENGTH - remind;
    blocks = blocks + 2;
        }
        if((block_length + padding_length)> 4096)return -1;
        /*add padding*/
        block_input[block_length] = 0x80;/*first bit enabled*/
        for(i=1;i<padding_length;i++)block_input[block_length + i] = 0;/*clear the rest*/

        /*calculating length in bits*/
        bit_length =(string_length)<<3;
        /*add length*/
        block_input[block_length + padding_length] = 0;
        block_input[block_length + padding_length + 1] = 0;
        block_input[block_length + padding_length + 2] = 0;
        block_input[block_length + padding_length + 3] = 0;
        block_input[block_length + padding_length + 4] = bit_length>>24 & 0xff;
        block_input[block_length + padding_length + 5] = bit_length>>16 & 0xff;
        block_input[block_length + padding_length + 6] = bit_length>>8   & 0xff;
        block_input[block_length + padding_length + 7] = bit_length>>0   & 0xff;
        if(((block_length  +  padding_length  +  8)%  CRYPTO_BLOCK_LENGTH))
{   return -1;}
        }
    else if(remind == 0)
    {
        if((block_length + CRYPTO_BLOCK_LENGTH)> 4096)return -1;
        /*calculating length in bits*/
        bit_length =(string_length)<<3;
        /*add padding manually*/
        block_input[block_length] = 0x80;//set bit
        for(i=1;i<56;i++)block_input[block_length + i] = 0;//clear the rest
        /*add length*/
        block_input[block_length + 56] = 0;
        block_input[block_length + 57] = 0;
        block_input[block_length + 58] = 0;
        block_input[block_length + 59] = 0;
```

```
            block_input[block_length + 60] = bit_length>>24 & 0xff;
            block_input[block_length + 61] = bit_length>>16 & 0xff;
            block_input[block_length + 62] = bit_length>>8   & 0xff;
            block_input[block_length + 63] = bit_length>>0   & 0xff;
            blocks = blocks + 1;
        }
    }
    cau_sha256_hash_n(&block_input[0],blocks,hash_output);
    return 0;
}
```

可靠性例程如下：

```
/*
 * @brief execute calculating SM2 signature.
 * This function computes ECDSA signature of a given hash value using the supplied
private key.
 * @param[in] dgst          pointer to the hash value to sign
 * @param[in] dgst_len    length of the hash value
 * @param[out] r        pointer to
 * @param[out] s        pointer to
 * @param[in] d         pointer to the BIGNUM object containing a private EC key
 * @param[in] f_rng   optional pointer to a pre-computed inverse k(maybe NULL see
CNA_sm2_sign_setup)
 * @param[in] p_rng   optional pointer to the pre-computed rp value(maybe NULL see
CNA_sm2_sign_setup)
 * @param[in] grp       pointer to a cna_sm2_ctx_t object
 * @return[out] ret     ECDSA signature include(r,s)information
 */
static int sm2_do_sign(
                        const unsigned char *dgst,
                        size_t dgst_len,
                        mpi *r,mpi *s,
                        const mpi *d,const mpi *k_rn,
                        ecp_group *grp
                        )
```

```
    {
        int ret=0,sign_tries;
        ecp_point R;
        mpi k,e,order,x1,tmp,a;
        size_t i;
        ecp_point_init( &R );
        mpi_init( &k );mpi_init( &e );mpi_init( &order );
        mpi_init( &a );mpi_init( &x1 );mpi_init( &tmp );
        mpi_copy(&k,k_rn);ecp_mul( grp,&R,&k,&grp->G,NULL,NULL );mpi_copy( &x1,
&R.X );
        mpi_copy( &order,&grp->N );i = mpi_msb( &order );
        if( 8 * dgst_len > i )dgst_len = mpi_size( &order );
        /*
         * Step 5:derive MPI from hashed message
         */
        MPI_CHK( derive_mpi( grp,&e,dgst,dgst_len ));
       /* If still too long truncate remaining bits with a shift */
        if(( 8 * 32 > i )&& !mpi_shift_r( &e,8 -( i & 0x7 ))){ goto cleanup;}

        sign_tries = 0;
        do
        { /*Steps 1-3:generate a suitable ephemeral keypair ;(x1,y1)= [k]G;and set r =(e +
x1)mod n */
            MPI_CHK( mpi_copy( r,&x1 ));
            MPI_CHK( mpi_add_mpi( &e,&e,r ));
            MPI_CHK( mpi_mod_mpi( r,&e,&grp->N ));
            if( mpi_cmp_int( r,0 )== 0 )continue;
            /* Step 6:compute s =((1+dA) ⁻¹ •(k-r•dA))mod n */
            MPI_CHK( mpi_add_mpi( &tmp,r,&k ));
            if(mpi_cmp_mpi( &tmp,&order )== 0)continue;
            MPI_CHK( mpi_mul_mpi( &tmp,r,d ));
            MPI_CHK( mpi_mod_mpi( &tmp,&tmp,&grp->N ));
            MPI_CHK( mpi_sub_mpi( s,&k,&tmp));
            MPI_CHK( mpi_mod_mpi( s,s,&grp->N ));

            MPI_CHK( mpi_lset( &a,1 ));
```

```
        MPI_CHK( mpi_add_mpi( &tmp,&a,d ));
        MPI_CHK( mpi_inv_mod( &e,&tmp,&grp->N ));
        MPI_CHK( mpi_mul_mpi( s,s,&e ));
        MPI_CHK( mpi_mod_mpi( s,s,&grp->N ));
        if( sign_tries++ > 10 ){
        ret = POLARSSL_ERR_ECP_RANDOM_FAILED;
        goto cleanup;
            }
    } while( mpi_cmp_int( s,0 )== 0 );
cleanup:
    mpi_free( &k );mpi_free( &e );mpi_free( &a );mpi_free( &x1 );
    mpi_free( &tmp );mpi_free( &order );ecp_point_free( &R );
    return( ret );
}


/** @brief execute SM2 signature verification.
* This function verifies that the given signature is valid ECDSA signature
* of the supplied hash value using the specified public key.
* @param[in] dgst          pointer to the hash value
* @param[in] dgst_len      length of the hash value
* @param[in] r             pointer to the DER encoded signature
* @param[in] s
* @param[in] pub_key    pointer to the EC_POINT object containing a public EC key
* @param[in] ctx_sm2      pointer to a cna_sm2_ctx_t object
* @return 1 if the signature is valid,0 if the signature is invalid and -1 on error
*/
static int sm2_do_verify(
                        const unsigned char *dgst,int dgst_len,
                        const mpi *r,const mpi *s,
                            const ecp_point *pub_key,
                            ecp_group *grp
                            )
{
    int ret=0;
    mpi e,r_inv,u1,u2,t;
```

```
ecp_point R,P;
ecp_point_init( &R );ecp_point_init( &P );
mpi_init( &e );mpi_init( &t );mpi_init( &r_inv );mpi_init( &u1 );mpi_init( &u2 );
/** Step 1:make sure r and s are in range 1..n-1*/
if( mpi_cmp_int( r,1 )< 0 || mpi_cmp_mpi( r,&grp->N )>= 0 ||
    mpi_cmp_int( s,1 )< 0 || mpi_cmp_mpi( s,&grp->N )>= 0 )
{
    ret = POLARSSL_ERR_ECP_VERIFY_FAILED;
    goto cleanup;
}
/** Additional precaution:make sure Q is valid*/
MPI_CHK( ecp_check_pubkey( grp,pub_key ));
/** Step 3:derive MPI from hashed message*/
MPI_CHK( derive_mpi( grp,&e,dgst,dgst_len ));
/** Step 4:u1 =(r + s)mod n*/
MPI_CHK( mpi_add_mpi( &t,r,s ));
MPI_CHK( mpi_mod_mpi( &t,&t,&grp->N ));
if( mpi_cmp_int( &t,0 )== 0 );
/** Step 5:R'(x1' ,y1')= [s]G + [t]PA */
MPI_CHK( ecp_mul( grp,&R,s,&grp->G,NULL,NULL ));
MPI_CHK( ecp_mul( grp,&P,&t,pub_key,NULL,NULL ));
MPI_CHK( ecp_add( grp,&R,&R,&P ));
if( ecp_is_zero( &R )){
    ret = POLARSSL_ERR_ECP_VERIFY_FAILED;
    goto cleanup;
}
/*Step 6:convert xR to an integer(no-op);Step 7:reduce xR mod n(gives v)*/
MPI_CHK( mpi_add_mpi( &e,&e,&R.X));
MPI_CHK( mpi_mod_mpi( &r_inv,&e,&grp->N ));
/* Step 8:check if v(that is,R.X)is equal to r */
if( mpi_cmp_mpi( &r_inv,r )!= 0 ){
    ret = POLARSSL_ERR_ECP_VERIFY_FAILED;
```

```
        goto cleanup;
    }
cleanup:
    ecp_point_free( &R );ecp_point_free( &P );
    mpi_free( &e );mpi_free( &t );mpi_free( &r_inv );mpi_free( &u1 );mpi_free( &u2 );
    return( ret );
}
```

2. 物理防篡改的实现

解决方案可能涉及产品生产、包装、分销、物流、销售和使用的所有阶段。没有一个解决方案是彻底"防篡改"的。通常需要解决多级分层安全问题，以降低篡改风险。一些考虑可能包括：①确定谁是潜在的篡改者，可能是普通用户、破坏分子、有组织的罪犯、恐怖分子等；②确定谁是潜在的篡改者，可能拥有什么级别的知识、材料、工具等。有人认为，要使简单的电子设备免受篡改之扰是非常困难的，可能的攻击包括：①各种形式的物理攻击（微探测、溶剂等）；②冻结设备；③施加不合规范的电压或电涌；④应用异常的时钟信号；⑤利用辐射（如微波辐射或电离辐射）引起软件错误；⑥测量某些操作的精确时间和功率要求（详见 2.6 节）。

防篡改微处理器用于存储和处理私人或敏感信息，如私钥或电子货币信用。为了防止攻击者检索或修改信息，芯片的设计使信息不能通过外部手段访问，只能通过嵌入式软件访问，嵌入式软件应包含适当的安全措施。防篡改芯片包括所有安全密码处理器，如智能卡中使用的安全芯片，如果防篡改芯片检测到其安全封装被穿透或超出规范的环境参数，则其可以将其敏感数据（特别是密码）设计为零。一个芯片甚至可以被评定为"冷零点"，即使其电力供应被削弱也能自我调零。另外，在某些密码产品的芯片上使用的定制封装方法可能被设计成内部预应力，所以芯片在受到干扰时会破裂。

尽管如此，攻击者可以随时随地拥有该设备，并且可能获得大量其他样本进行测试和实践，这意味着实际上不可能完全消除一个充满动力的对手的篡改。正因为如此，保护系统最重要的因素之一是整体系统设计。特别是，防篡改系统应该"妥善地失败"，确保一个设备的妥协不会危及整个系统。以这种方式，攻击者实际上可以被限制在比妥协单个设备的预期回报要低的攻击。由于最复杂的攻击可能要花费数十万美元才能完成，所以精心设计的系统在实践中可能是无懈可击的。

为了防止黑客修改产品硬件，产品在物理设计环节中必须要遵循以下基本概念：①整体系统设计；②多级分层安全设计；③提高防篡改性，使篡改更加困难和耗时；④添加防篡改功能来帮助指示篡改的存在。

图 2-25 所示为 5 层物理篡改攻击，针对这 5 个层次的物理篡改攻击需要相应的物理篡改防护设计，分别如下。

（1）产品外壳需要紧密的结构设计、特殊的螺钉和用压控开关与嵌入式安全处理器建立的通告通道。

（2）产品印制电路板需要结构设计保护、布局布线保护和特殊印制电路板覆盖保护。

（3）产品芯片与芯片之间的通信总线需要隐藏走线，在通信总线的走线上覆盖特殊走线，保护并受嵌入式安全处理器的监测。

（4）产品主安全处理器的供电需要特殊隐藏走线设计和电压异常检测片上设计。

（5）嵌入式主安全处理的片上系统设计需要封装、内部特殊设计和开封装攻击防护设计。

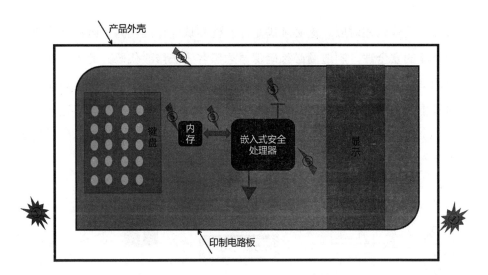

图 2-25　5 层物理防篡改攻击

■ 2.3.3　防篡改的应用场景

防篡改技术应用场景非常广泛，几乎涉及产品设计开发过程中的各个方面。下面简要介绍几个应用场景。

1. 产品固件的安全启动

基于数字签名的认证启动是一种协议，它是一种安全引导过程，通过防止利用未经允许的数字签名进行签名驱动程序或操作系统的加载运行。当启用安全引导时，它被放置在"设置"模式中的初始位置，该模式允许将一个称为平台密钥（PK）的公钥写入固件。一旦平台密钥被写入，安全引导进入用户模式，之后只有被用平台密钥签名过的驱动程序和加载机才会被加载入固件中。另外的密钥交换密钥（KEK）可以被添加到数据库，存储在内存中允许其他认证过程使用，但它们仍然必须与平台密钥的私有部分相关。安全引导也可以被放置在"自定义"模式中，在该模式中不与私钥匹配的附加公钥被写入系统。

下面解释的机制表示一个安全路径，以确保驻留在闪存中的代码与制造阶段嵌入的代码相对应。这必须满足完整性和认证标准。为了维护最终产品主要功能的安全性，制造商必须确保恶意黑客无法修改代码。此外，在软件升级的情况下，制造商必须保证在最新的代码下载时没有人能访问系统。引导过程中的另一层安全性包括解密代码并下载到闪存内。通过签名过程（见图 2-26）和验签过程（见图 2-27），完成对产品固件的完整性和可靠性的防篡改保护。

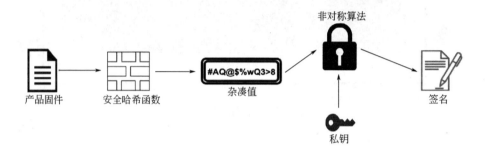

图 2-26　签名过程

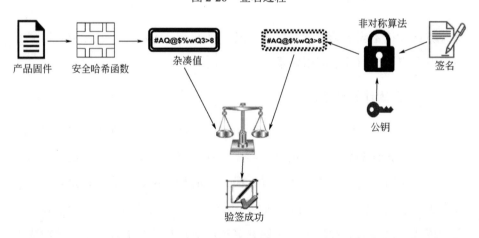

图 2-27　验签过程

加密启动是一种协议，这种安全启动过程是通过防止暴露存储于外部介质中固件的明文信息加密的。通过加密下载过程（见图 2-28），完成对产品固件的机密性保护，结合基于数字签名的认证启动可以达到很高级别的防篡改保护。

图 2-28 加密下载过程

2. 客户端与服务器安全通信

在客户端与服务器通信过程中,安全通信建立流程示例如图 2-29 所示。

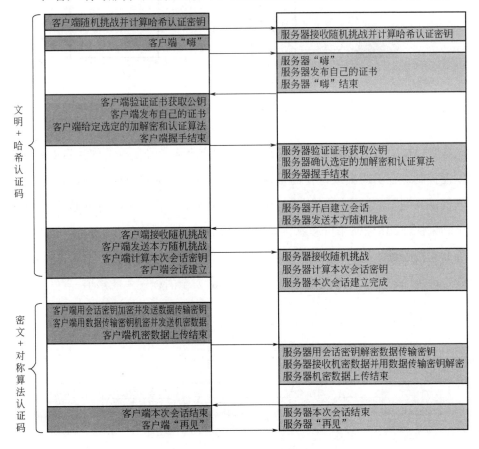

图 2-29 安全通信建立流程示例

3. 嵌入式实时时钟安全防护

有大量的产品需要基于可信时钟进行应用程序的开发。

（1）为了防篡改，RTC 需要独立于 CPU 工作。因此，一个安全的 RTC 需要全天候工作，这可以通过 RTC 独立电池供电来实现（见图 2-30）。这允许所有关联的逻辑连同篡改检测在电源故障的情况下也能工作，除非电池被移除。

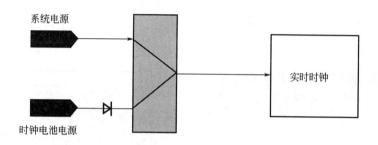

图 2-30　实时时钟供电系统[17]

（2）防止恶意代码更改寄存器设置。黑客会将未经授权的固件引入系统，以便控制寄存器或更改寄存器设置。安全实时时钟应该有能力锁定时间，以便保证时间不能被退回，除非系统重置。关键的寄存器访问应该通过写保护机制来保证，使任何来自恶意代码或失控代码的写入都不能改变寄存器设置，除非它按照预先指定的顺序写入。图 2-31 所示为特定写序列。这些寄存器默认是锁定的，写入一个特定序列，只有有效/安全的程序才能知道。

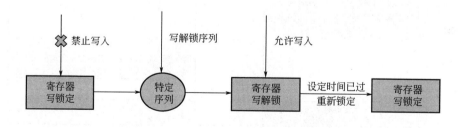

图 2-31　特定写序列

具有这个特定序列的另一个好处是保护寄存器免受可能触发寄存器设置变化的 ESD 或外部噪声的影响。由于对寄存器的任何写操作都必须经过一个固定的序列，因此 ESD 或噪声很可能会破坏寄存器。通过为关键寄存器提供不同的访问权限，将关键寄存器与用户寄存器分开也是至关重要的。例如，安全实时时钟寄存器可以分为安全寄存器和非安全寄存器，时间和日期寄存器可以保存在只能由安全代码访问的安全部分。这为实时时钟寄存器提供了额外的保护层。

（3）防止外部电源毛刺进入电源系统。对于从外部存储器引导的系统，篡改安全系统的独特方式是在存储器接口引入噪声或在片上系统的电源线上制造干扰。这种随机噪声可能导致寄存器设置改变；在一些安全引导系统中，还可能导致其绕过整个安全系统，从而使 SoC 更容易受到黑客的攻击和篡改。安全实时时钟可以通过维护一个硬编码的安全代码来防止这种情况的发生，这些安全代码启动时需要在寄存器中编程。安全实时时钟在代码不匹配的情况下会引发安全警报，指示外部启动顺序已被随机噪声操纵，或黑客为解除系统的安全性而进行操作。这个安全代码一直在监视，在任何时间点产生会改变安全代码的噪声都会被检测到。

（4）防止电池移除。篡改系统的常见方式之一是在主电源不可用时取出电池。这种方式允许黑客操纵系统，然后连接电池，好像什么都没有发生一样。在一个安全的系统中，安全实时时钟应该在所有方面都是独立的，包括它的电源。去除这个独立的电源（电池）会对系统产生不利影响，并使其容易受到攻击。因此，一个安全的系统必须确保电池不易移除，如果移除则必须是可检测的。安全实时时钟具有与片上系统上电复位不同的"上电复位"（POR）。仅当主电源和电池电源被移除或电池首次连接时，安全实时时钟才会上电复位置位。安全实时时钟有能力检测电池的移除，从而对 CPU 产生内部篡改中断。在初始校准期间，由于系统将处于诊断模式，因此可以忽略该篡改。

（5）擦除关键信息。通常任何关键数据（如安全密钥、密码）都会保留在片上系统芯片内或安全实时时钟寄存器内的备用电池内存中，即使在主电源出现故障时，它们也始终可用。备用电池不应落入黑客手中，这一点很重要。因此，在任何篡改检测期间，安全实时时钟应该擦除存储在其寄存器中的所有安全密钥和任何关联的安全存储器内容。

由于任何设备或系统都可以被具有足够知识、设备、时间等的人篡改，所以需要格外注意的是，一个安全的系统不能保证永远100%安全。安全级别必须与黑客破解设备花费的时间和金钱一致。设备设计者必须权衡：当破坏产品时所需的时间和金钱大于破坏产品的收益时，系统就会变得安全。

2.4 私密数据管理

2.4.1 私密数据管理的基本概念

1. 私密数据的基本概念

私密数据被定义为不必要披露的数据，私密数据的访问应得到保护。私密数据包括所有原始和重要的数据，其中包含个人信息、受保护的健康信息、教育信息、客户记录信息、持卡人数据、机密个人资料和保密的信息等。这些信息必须仅限于那些有合法业务需求的用户访问。私密信息可以包括但不限于某些类型的研究数据（如个人可识别或专有的研究数据）、公共安全信息、财务捐赠者信息、有关选择代理人的信息、系统访问密码、信息安全记录和信息文件加密密钥。

私密信息是必须防止未经授权访问的数据，以保护个人或组织的隐私或安全。共有3种主要类型的私密数据。

（1）个人信息。敏感的个人身份信息是可以追溯到个人的数据，如果披露，可能会造成个人伤害。这些信息包括生物识别数据、医疗信息、个人可识别财务信息，以及护照或社会安全号码等唯一标识符。

（2）商业信息。敏感的商业信息包括竞争对手或普通大众发现的任何对公司造成风险的信息。这些信息包括商业秘密、收购计划、财务数据、供应商和客户信息等。随着企业数据量的不断增加，保护企业信息免受未经授权的访问的方法正在成为企业安全的一部分。这些方法包括元数据管理和文件清理。

（3）分类信息。分类信息属于政府机构，根据敏感程度（如限制、保密、秘密和绝密）进行限制。信息通常被分类以保护安全，一旦危害风险通过或降低，机密信息可能会被解密，并可能被公开。

2. 私密数据管理

在当今的数字世界保护私密信息免受盗窃和漏洞攻击，并不像锁定文件柜那样容易，特别是云计算的广泛采用。即使您对网上账户和身份信息采取了很多防范措施，信息也可以通过多种方式被登录到其他个人或公司的数据管理系统中，然后以某种方式使信息存在被人为盗窃或数据泄露的风险。

私密数据管理的首要任务是尽可能保持敏感数据的安全。为了更好地了解数据保护和数据丢失防护的现状，应了解保护敏感数据是最重要的。保护敏感数据最好的方法就是做好基础知识认知，了解数据中的敏感内容、设置处理规则、实施技术控制以确保处理得当，并提醒用户保持安全。

1）数据分类

必须了解哪些数据需要保护，并创建数据分类政策以根据敏感性对数据进行分类，至少需要 3 个级别的数据分类。

（1）限制类。这是最敏感的数据，如果受到威胁，可能会造成很大的风险。访问只授权给必须要知道的人或设备。

（2）保密、私密类。这是适度敏感的数据，如果受到威胁，会造成中等风险。访问权限是拥有数据的公司或部门内部。

（3）公开类。这是非敏感的数据，如果被访问，将会对公司造成很小的风险或零风险。访问是松散的，或不受控制的。

2）加密传输

加密是一个通用的术语，有很多方法可以加密数据，需要正确实施和管理加密。一个好的加密策略的关键是使用强大的加密和适当的密钥管理。加密敏感数据，然后在不可信网络上共享，如加密电子邮件、加密文件存储。

3）云存储

在云中存储数据等同于将数据存储在其他人的计算机上。如果这些数据是限制类或保密、私密类，请在上传到云之前对其进行加密。如果将与云提供商共享密钥，请确保了解云提供商的政策。例如，他们的备份策略是什么？谁有权访问您的数据？他们的防数据泄露通信策略是什么？

通过了解要保护的内容，制定保护各级别数据的策略，可以充分保护数据免受当前的威胁。

2.4.2　私密数据管理的实现方法

私密数据分类中限制类、保密或私密类是私密数据管理的重点。下面从敏感程度由低到高的次序来分别列举其实现方法。

1. 保密、私密类数据管理实现方法

基本原则是选择强大的加密算法和适当的密钥管理机制。强大的加密技术由加密算法和密钥两部分组成，因为加密算法大部分都是公开的，所以保护加密算法使用的密钥就是保护保密、私密类数据。保护加密算法使用的密

钥的一整套方案称为密钥管理机制。在传送中最为大众所熟知的保密、私密数据管理方法就是公钥基础设施（PKI）。

公钥基础设施（PKI）是用于创建、存储和签发数字证书的系统，用于验证特定公钥属于某个实体。PKI 创建将公钥映射到实体的数字证书，并将这些证书安全地存储在中央存储库中，在需要时撤销。PKI 由以下几部分构成。

（1）存储、签发数字证书的证书颁发机构（CA）。

（2）注册机构验证请求其数字证书的实体身份被存储在 CA 处。

（3）中央目录、存储和索引密钥的安全位置。

（4）一个证书管理系统，用于管理存储证书的访问或发放证书的交付。

（5）一个证明政策，说明 PKI 的程序要求。其目的是让外人分析 PKI 的可信度。

在密码学中，PKI 是一种将公钥与各个实体身份（如人员和组织）绑定在一起的安排。绑定是通过在证书颁发机构（CA）处注册和颁发证书的过程来建立的。确保有效和正确注册的 PKI 角色称为注册机构（RA）。RA 负责接受数字证书的请求，并对提出请求的实体进行身份验证。实体必须在每个 CA 域内唯一标识。第三方验证机构（VA）可以代表 CA 提供此实体信息。保密、私密类数据管理如图 2-32 所示。

2．限制类数据管理实现方法

限制类数据与保密、私密类数据相比，具有更高的敏感性。换句话说，访问此类高敏感数据是极为严格的并要限定在很小的范围内。所以与保密、私密类数据管理实现方法相较而言，会增加多条件访问权限和授权管理方法。限制类数据管理如图 2-33 所示。

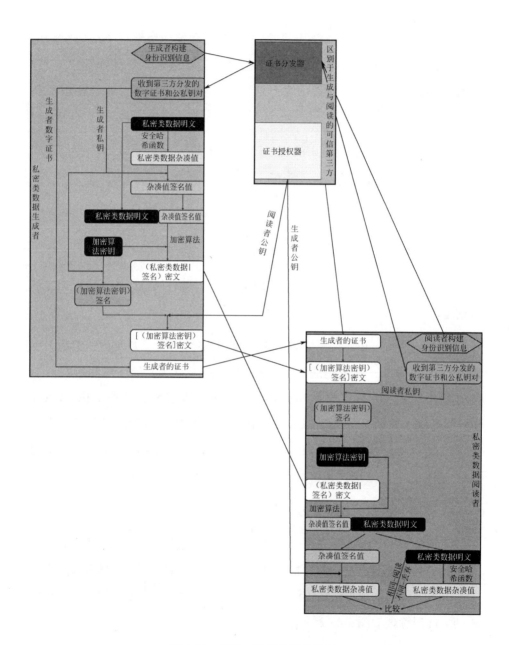

图 2-32　保密、私密类数据管理

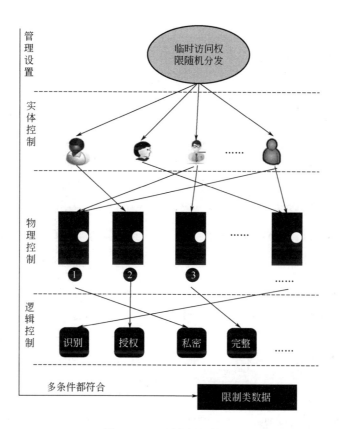

图 2-33　限制类数据管理

在私密数据管理过程中，有一项必然会涉及的技术就是存储安全。存储安全是安全系统中的特殊领域，它涉及保护数据存储系统、生态系统，以及驻留在这些系统上的数据。依据敏感数据分类，相应地有不同的存储安全解决方案。两种安全存储介质如下。

（1）片上安全 RAM 是可读写存储器的一个特殊应用，存储于其中的数据是被安全监控器全天候不间断保护的，一旦安全监控器检测到攻击事件就会迅速擦除，并会被电池 POR 清除。

（2）片上一次性可编程非易失性存储器（OTP NVM）是一种数字存储形

式，其每个点的设置都是通过熔断器或熔丝锁来完成的。它是只读存储器（ROM）的类型之一。存储于它们中的数据是永久的且不可更改的。

■ 2.4.3 私密数据管理的应用场景

智能手机是应用最为广泛的移动设备，它的安全需求随着智能手机功能的日益丰富而与日俱增。Android 是一个开源移动平台操作系统，下面就以 Android 的安全机制为例。

Android 将传统的操作系统安全控制机制扩展到：①保护应用和用户数据；②保护系统资源（包括网络）；③将应用同系统、其他应用和用户隔离。为了实现这些目标，Android 提供了 5 种安全关键功能：①通过 Linux 内核在操作系统级别提供的强大安全功能；②针对所有应用的强制性应用沙盒机制；③安全的进程间通信；④应用签名；⑤应用定义的权限和用户授予的权限。Android 数据保护系统框架如图 2-34 所示。

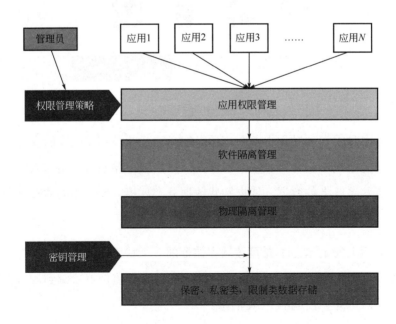

图 2-34　Android 数据保护系统框架

2.5　身份认证与识别

■ 2.5.1　身份认证与识别的基本概念

识别是一个建立和维护的方案，用户在访问系统之前能够得到正确的、一致的、高效的识别。一般来说，获得某种东西所需要的身份证明数量与所寻求的价值是成比例的。

自 20 世纪 60 年代以来，人们已经开发了一系列新技术来鉴定人的身体部分及测量和分析 DNA 分布。身份识别被用来确保公民有资格享受各种福利，而不用担心被他人冒充，长久以来私人印章和签名被用于保障个人财产交易申请的真实性。系统资源的安全性通常遵循高度的信任，这是至关重要的。

（1）生物识别。基于生物识别的系统可以自动识别和/或验证个人。身份验证回答了"我是谁，我自称是谁？"系统通过处理生物特征数据来验证人的身份，生物特征数据是用于判断询问人和采取人是否是决定的人（比例为 1∶1）。而身份认同则回答了"我是谁？"系统通过将他与生物特征数据，也就是存储在数据库中的其他人的数据进行区分来识别个体。在这种情况下，如果她/他的生物特征数据被存储在数据库中或者根本不匹配，系统会采取一个 $n-1$ 的决定，并且回答询问的人是某某，虽然识别功能应该被视为与应用程序不同的认证，但是通常使用的生物识别技术系统集成了识别和认证功能，因为前者是后者的重复执行。

（2）指纹识别。指纹是用户指尖模式认证中使用最广泛的形式。它可以部署在广泛的环境中，并通过允许用户在模板系统中登记多个指纹来提高灵活性和系统的准确性。

（3）面部识别。面部识别使用与用户独特面部特征相关联的数据，涉及分析面部特征。面部识别技术利用了眼睛、鼻子和嘴巴的位置，以及它们之间的距离等特征。这是一个独特的生物特征，它需要扫描人体的配合；它可以使用任何高分辨率的图像采集设备，如静止或运动相机。

（4）语音模式。语音模式是认证使用用户语音的独特模式。它依赖于语音到打印技术，而不是语音识别。在这个过程中，一个人的声音被转换成文本，并与原始模板进行比较。虽然这是相当容易实现的技术，但是许多计算机已经内置麦克风，注册过程比其他生物识别更复杂。背景噪声也可能会干扰扫描，这会令用户感到沮丧。

（5）手写签名。签名验证可以分析一个人签名的方式，如运算速度和压力，以及签名本身的最终静态形状。

（6）视网膜识别。视网膜识别是一种生物认证方法，它使用与个人眼睛后面的血管模式相关的独特特征数据。这项技术是个人入侵，需要熟练的操作员。在识别的情况下，对一些千字节进行验证时，会生成 96 字节的视网膜代码。

（7）虹膜识别。虹膜识别是一种使用与用户瞳孔周围颜色相关的特征数据的认证形式，它涉及分析瞳孔周围有色部分的图案。虹膜是眼睛瞳孔周围的圆形彩色膜，是由条纹、皱纹、环、隐窝、细丝和电晕等特定特征组成的独特结构。虹膜认证的特点是具有非常高的独特性，即使双胞胎也有不同的特征。两个人有相同的虹膜模式的概率大约是 10^{-52}。生物识别系统使用相同的虹膜代码（约 256 字节）产生两种不同的虹膜模式的概率可以忽略不计（约 10^{-78}），因此可以实现近乎完美的匹配精度。它使用普通相机扫描，不需要眼睛和相机之间的紧密联系。虹膜识别不同于视网膜识别，在虹膜扫描期间是可以佩戴眼镜的。

身份认证是认证请求访问系统的实体身份。事实上，确定某人或某事，是否宣称其是谁或是什么，这是一个过程。在私人和公共计算机网络（包括因特网）中，通常使用登录密码认证，密码是为了保证用户是真实的。每个用户最初注册（或由其他人注册）时，使用分配的或自我声明的密码。在随后的每次使用中，用户必须知道并使用之前声明的密码。这个系统对于重要交易（如货币交换）的弱点是密码通常可能被窃取、意外泄露或被遗忘。出于这个原因，互联网业务和许多其他交易需要更严格的认证过程。证书颁发机构（CA）颁发和验证的数字证书作为公钥基础设施的一部分已成为在因特网上执行验证的标准方式。

身份认证的目的是授权，授权是授予某人许可做某事的过程。在私人和公共计算机网络（包括因特网）中，假设有人已经登录计算机操作系统或应用程序中，系统或应用程序则需要识别在该会话期间可以给予用户什么资源。因此，授权有时被视为由系统管理员初步设置权限，以及在用户访问时实际检查已设置的权限。从逻辑上讲，认证在授权之前，尽管他们似乎经常被合并。身份认证包括如下类型[22]。

（1）一次性密码/单一登录。用户的密码和信息用于登录过程，在设定的时间后变为无效。

（2）双条件身份验证。在向用户授予访问权限之前，需要两种身份验证形式。

（3）多条件认证。多条件认证要求用户使用用户 ID、密码及任何其他形式的认证方法（如智能卡或生物识别）。使用这种方法可以降低未经授权的人危及电子安全系统的可能性，但同时也增加了维护系统的成本。

（4）电子门禁卡/智能卡。智能卡是信用卡大小的塑料卡，内置嵌入式集成电路。在电子商务中，它们可以提供个人安全、信息储值和移动便捷性。在功能层面上，智能卡可以分为存储卡或微处理器卡。记忆卡（如一次性预付公用电话费卡或会员卡）是最便宜的智能卡形式。它们包含少量 ROM（只读存储器）和 EEPROM（电可擦除可编程只读存储器）形式的存储器。微处理器卡比简单的存储卡更先进，除 ROM 和 EEPROM 之外，它们还包含微处理器 CPU（中央处理单元）和 RAM（随机存取存储器）。ROM 包含卡的操作系统和加载的应用程序。

（5）安全令牌。这是一个已由适当的管理员分配给特定用户的认证设备。它使用用户拥有的护照、驾照等认证设备来识别。大多数安全令牌还包含双条件验证方法，以有效工作。

（6）按键动态。这是一种基于用户所做的自动形式的认证。它认证基于用户的键盘输入模式。

（7）相互认证。这是电子通信中各方验证对方身份的过程。例如，银行显然有兴趣在允许转账之前积极确定账户持有人；然而银行客户在提供任何个人信息之前也知道他正在与银行的服务器通信。

（8）数字证书。数字证书是一种电子信用卡，用于在网上进行业务或其他交易时建立凭证。它由认证机构（CA）颁发，包含姓名、序列号、到期日期、证书持有者公钥的副本（用于加密邮件和数字签名）及证书颁发机构的数字签名，以便收件人可以验证证书是否真实。一些数字证书符合 X.509 标准。数字证书可以保存在注册管理机构中，以便认证用户查找其他用户的公钥。数字证书用于各种交易，包括电子邮件、电子商务和电子资金转账。数字证书结合加密和数字签名，为个人和组织提供私人分享信息的手段，使每一方都有信心确定与其沟通的个人或组织实际上是他们自称的人或组织。

（9）手几何认证。手几何认证技术利用手形特征，如手指的长度和宽度，这种认证形式只能产生少量数据（大约 9 字节），仅限于简单的认证。此外，他们的行为与履行相关财产有关。

（10）Kerberos 身份验证。这是一种身份验证形式，它提供了一种身份验证机制来验证客户端和服务器或服务器到服务器的关联。

（11）CHAP 认证。这是由认证者认证对等体的对等协议（PPP）机制的形式。

（12）定量身份验证。定量身份验证是一种身份验证方法，要求访问的人员在被授予访问权限之前需要达到某个"身份验证级别"。

2.5.2　身份认证与识别的实现方法

身份认证与识别技术实现方法的关键是利用当前密码学技术知识找到一种证明的方法，并被圈内所有实体认可和接受。一般来说，传统上有 3 种方法来获得这种信任，即证书颁发机构（CA）、信任网（WoT）和简单的公钥基础设施（SPKI）。PKI 身份认证与识别[18]如图 2-35 所示。

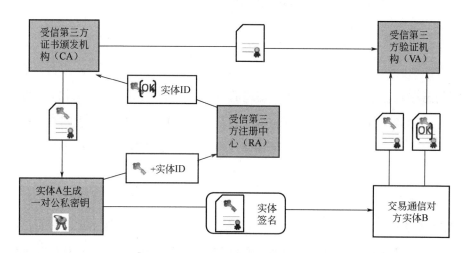

图 2-35　PKI 身份认证与识别

证书颁发机构（CA）的主要角色是数字签名并发布绑定给定用户的公钥。这是使用 CA 自己的私钥完成的，因此对用户密钥的信任依赖于对 CA 密钥有效性的信任。当 CA 是与用户和系统分开的第三方时，它被称为注册中心（RA），它可以与 CA 分离或不分离。根据绑定具有的保证水平，通过软件或在人工监督下建立与用户的绑定。可信第三方（TTP）也可以用于 CA。在这种信任关系模型中，CA 是受信任的第三方，被受信任的证书主体（所有者）和依赖证书的一方信任。

临时证书和单一登录方法涉及一台服务器，并将其作为单一登录系统内的离线证书颁发机构。单点登录服务器将向客户端系统发放数字证书，但从不存储，用户可以使用临时证书执行程序等。离线身份认证与识别如图 2-36 所示。

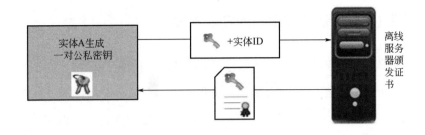

图 2-36　离线身份认证与识别

公钥信息公开认证问题的另一种方法是使用自签名证书和这些证书的第三方证明的信任网方案。"信任网"并不意味着存在单一的信任网或信任点，而是意味着存在任何数量可能不相连的"信任网"中的一个。这种方法的实施使用 PGP（Pretty Good Privacy）和 GnuPG（OpenPGP 的实现，PGP 的标准化规范）。由于 PGP 的实现允许使用电子邮件数字签名来公开自己的公钥信息，所以实现自己的信任网络相对容易。信任网（如 PGP）的好处之一是可以让愿意保证证书的域中的所有方（如公司内部的 CA）成为充分信任的 PKI CA 进行互操作时值得信赖的介绍人。如果"信任网"是完全可信的，那么由于信任网的性质，信任一个证书就是授予对该网中所有证书的信任。PKI 与控制证书颁发的标准和做法一样有价值，包括 PGP 或个人建立的信任网可能会大大降低该企业或领域实施 PKI 的可信度。随着时间的推移，人们会积累其他人的密钥，可能想指定某人成为值得信赖的介绍人。每个人都会选择自己信任的介绍人，都会逐渐积累和分发他人的一系列认证签名，希望别人能够信任至少一个或两个签名。这导致了所有公钥的分布式容错网络的出现。信任网身份认证与识别如图 2-37 所示。

另一个不涉及公钥信息公开认证的方案是 SPKI，它由 3 个独立规范发展而来，以克服 X.509 和 PGP 信任网的复杂性。SPKI 规范定义了一种授权证书格式，规定特权、权限或其他类似属性（称为授权）的描述并将其绑定到公钥上。SPKI 不会将用户与用户相互关联，因为密钥是可信的，而不是人。SPKI 不使用任何信任的概念，因为验证者也是发行者。这称为

SPKI 中的"授权循环"，授权是其设计的组成部分。

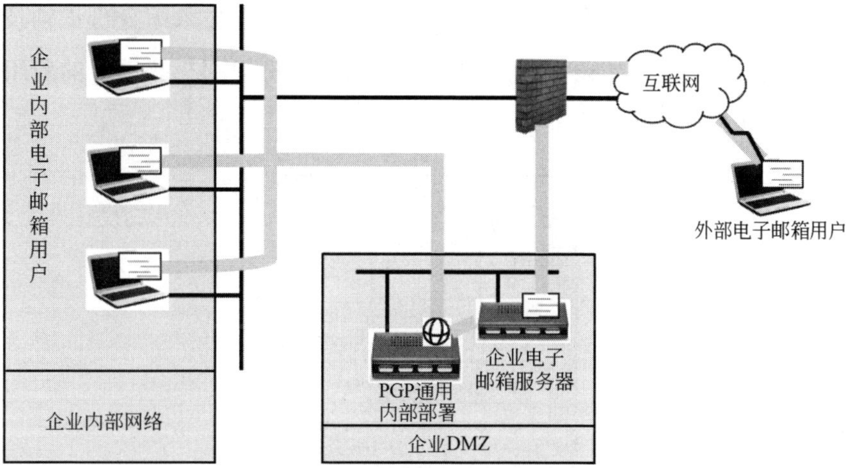

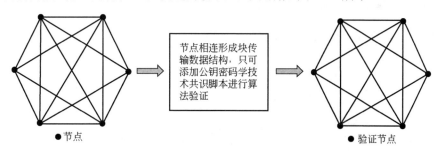

图 2-37　信任网身份认证与识别

PKI 的新兴方法是使用与现代加密货币相关的区块链技术。由于区块链技术旨在提供一个分布式和不可改变的信息分类账单，因此它具有非常适合公钥存储和管理的特性。区块链身份认证与识别如图 2-38 所示。

图 2-38　区块链身份认证与识别

2.5.3　身份认证与识别的应用场景

1．身份识别在解锁中的应用

机械钥匙解锁有其天生的劣势，如丢失、遗忘在室内。一旦遗忘或丢失，只能寻求开锁公司的协助。为了回避机械钥匙解锁的劣势，也得益于科技的快速发展，各种利用数字编码技术和生物识别技术等身份识别技术实现的智能解锁方案如雨后春笋般发展起来。身份识别在解锁中的应用如图 2-39 所示。

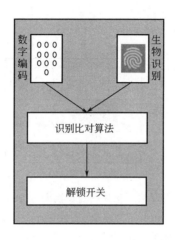

图 2-39　身份识别在解锁中的应用

2. 身份认证在受信执行环境中的应用

身份识别在可信执行环境的应用如图 2-40 所示。

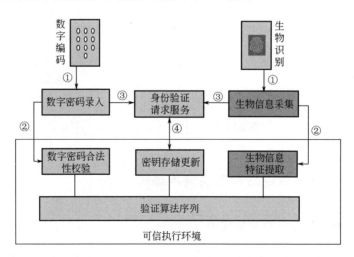

图 2-40　身份识别在可信执行环境的应用

2.6　旁路攻击防护

■ 2.6.1　旁路攻击防护的基本概念

1．旁路攻击的基本概念

旁道攻击是逆向工程的一种形式。电子电路本质是有泄露的，电子电路产生的副产品，使攻击者无须获取电路本身，即可推断出电路的工作原理及处理的数据。热量和电磁辐射都是攻击者的可靠信息来源，因为这些排放物在电路本身的运行中并不起作用，它们只是电路工作的副作用，使用它们来执行逆向工程称为"旁路分析"或"旁路攻击"，两者之间的区别主要是意图不同。例如，通过分析设备发出的电磁辐射，可以非侵入性地从设备中提取密钥和其他敏感信息。差分功耗分析是测量芯片不同操作部分的功率水平并使用统计分析方法的一种旁路分析。测量这些功率波动可以识别正在运行的计算类型，并且重复地排列和分析，以揭示密钥的比特位内容。足够的重复最终将产生完整的密钥。图 2-41 是记录密文和旁路泄漏的波形，应用功耗分析后处理的功耗轨迹，如果正确攻击了密钥的某比特位，就会突然地显示尖峰。

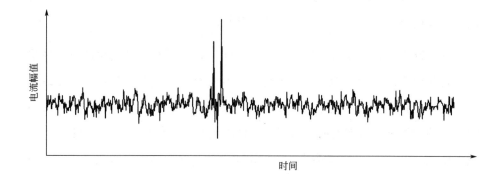

图 2-41　记录密文和旁路泄漏的波形

2. 旁路攻击的常见类型

1）电磁攻击

当芯片的处理器运行其功能和算法时，会产生电磁场。众所周知，电子的运动会产生一个合成的电磁场，虽然这个电磁场很小，但是在具有一些知识和合适设备的条件下，这个电磁场可以被测量和分析。几乎所有没有射频屏蔽或没有处理射频泄漏的芯片都可以使用电磁辐射攻击进行分析。用于捕获和分析加密处理器发射的电磁场设备与任何射频分析设备相同。这样的设备要能够捕获微小的电磁场，只需要一个电压或电流传感探头、电磁线圈、LNA 的一些装置、数字存储示波器、高带宽放大器和带有射频/电磁辐射分析软件的计算机。

2）功率攻击

获取电源功耗相对简单，需要一个与正确引脚并联的电阻器，用于监视加密操作所汲取的功率；采样设备（如示波器）放置在电阻两端，当电阻两端的电压发生变化时，进行采集和分析。因为在芯片上运行的不同功能具有不同的执行指令，因此具有独特的功率信息。分析这些电源功率信息可以提供有关数据内容的线索。有两种类型的功率分析——简单功率分析（SPA）和差分功率分析（DPA）。这两种分析都必须直接连接芯片上的电源引脚，并通过直接检测和转换，对波动进行统计分析。

简单功率分析（SPA）是一种旁路攻击，它包括对设备使用的电流图形的可视化检查。当设备执行不同操作时，功耗会发生变化。例如，微处理器执行的不同指令将会产生不同的功耗特性。因此，在执行用数据加密标准算法加密的智能卡电源跟踪时，可以清楚地看到十六轮操作（见图 2-42）。类似地，RSA 实现中的平方和乘法操作常常可以区分开，从而使攻击者能够计算密钥。即使功耗变化的幅度很小，一台通用的数字示波器也可以显示不同操作引起的变化。频率滤波器和平均功能（置于示波器内）通常用于滤除高频分量。

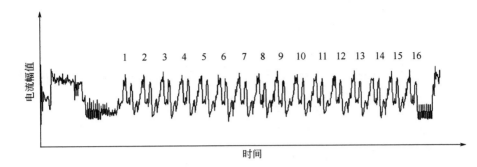

图 2-42　一个完整数据加密标准的功耗轨迹

差分功耗分析也是一种旁路攻击，它利用统计学方法分析从某个加密系统上测量的功耗数据。这种攻击方法利用了微处理器或其他硬件在使用秘密密钥进行加/解密操作时功耗的偏执变化。差分功耗分析攻击具有信号处理和纠错特性，它可以屏蔽含有过多噪声的测量数据，再进行分析。使用差分功耗分析攻击方法，攻击者可以通过分析由易受攻击的智能卡或其他设备执行多次加密操作测量的功耗数据来获得密钥。

3）时间攻击

时间攻击用来分析执行各种加密操作花费的时间，攻击者分析算法并确定它们的时间间隔，然后将测量值输入到输出密钥的统计模型中。虽然测量值可能不是确切的关键点，但它会有一定的确定性。该过程用于执行时间信息的统计相关性分析，最终恢复正确的密钥。对于 RSA、ElGamal 和数字签名等加密算法，时间攻击是最有效的。

4）故障攻击

故障攻击不同于破坏行为，原因是攻击者在芯片上进行一些操作来破坏芯片的正常功能。故障攻击仍然被认为是旁路攻击，因为它使用与旁路攻击相同的分析方法，特别是差分故障分析。与差分功耗分析一样，差分故障分析尝试用类似的方式提取密钥或加密数据，只是它会导致算法中的差异成为过程的一部分。

在密码操作过程中产生异常，以使它们发生故障。例如，这样的故障可以产生过热或低温、过压或欠压、时钟偏移、激光故障注入和电磁场或辐射，并观察由相同的明文和密钥导致的两次或多次加密运行的输出差异。成功的故障攻击可能会使程序流程受到干扰，这可能会导致个人识别码验证步骤被跳过，也可能转储整个内存的内容包括密钥。

5）缓存攻击

缓存攻击基于攻击者监视受害者在共享物理系统中进行的缓存访问的能力，如虚拟化环境或某种云服务。

以上介绍的是一些常见的旁路攻击方法。非常见方法有声学密码分析（试图分析来自声学信息的数据）和数据剩余（剩余敏感数据）等，这些方法试图在敏感数据在被删除之后、被覆盖之前发现剩余的敏感数据。

3. 旁路攻击防护

通过上面的介绍，我们对旁路攻击有了一定的了解，防止旁路攻击需要采取一些相应的防护措施。深入分析旁路攻击的攻击点，才能设计出完整覆盖所有攻击点的旁路攻击防护措施。旁路攻击防护是针对不同旁路攻击所做的应对方法集，其中随机化是设计旁路攻击防护的核心思想。

■■ 2.6.2　旁路攻击防护的实现方法

为了防止在片上系统中发生旁路攻击，了解攻击者如何获得信息并确定防止这种情况发生的方法是非常重要的，特别是可以在低功率物联网处理器中实施一些对策来减少受攻击威胁。

简单的功耗分析适用于低集成度集成电路，因为几乎没有其他片上活动掩盖目标电路的行为。也出于这个原因，简单的功耗分析通常对高复杂度的集成电路不是很有用，尽管已经发现它在分析低端微控制器处理加密密钥的案例。而差分功率分析（DPA）是一种统计学方法，即使其他周围的门正在主动切换，也能发现有关目标电路的敏感信息，证明差分功率分析具有较强的破坏性效果。差分功率分析涉及攻击者对目标电路的行为或状态作出假设，如在完全加密密钥某部分上的猜测和大多数系统在一系列 8 位块密钥上工作的猜测。如果猜测是正确的，与芯片内部的活动相关的功耗将相关；如果猜测不正确，活动将是不相关的。经过大量猜测和测量，相关的结果将被分离出来，为攻击者提供关键值线索。随着测量次数增加，更多不相关的噪声被滤除并随之减少。

让我们看一下在 RSA 交易中完成的旁路分析。RSA 是密钥交换中常用的非对称密码标准，以幂模运算为基础。在图 2-43 的例子中，RSA 是通过一种算法实现的，如果密钥字节是奇数，则使用方形函数；如果密钥字节是偶数，则使用正方形和乘法。一个可能的黑客能够测量一个为 0 的较短峰值和一个为 1 的较长峰值，使秘密密钥在示波器上几乎可见。除了这种简单的功耗分析攻击之外，还有来自多次运行的样本痕迹的更高级的攻击记录，应用统计相关性来获得私钥。幸运的是，仔细的设计可以混淆从片上系统时间收集到的信息：①统一的时间去除与数据相关的指令周期数变化；②功率展平，消除功率峰值异常；③管道随机化的功耗和时间。这些功能旨在隐藏有关敏感操作的信息，包括正在进行的操作或正在处理的数据。混淆时间和功率信息通过这些方法保护正在处理的数据免于被发现。

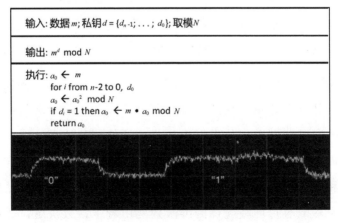

图 2-43　RSA 私钥运算时的时间信息泄露和攻击结果[20]

1. 具有独特设计的嵌入式处理器

用户提供的定制指令可用于加速加密或添加更改敏感操作时间签名的伪指令。这些指令可以被限制，并且仅芯片开发者知道，从而提供另一种方式来防止与已知实现的比较，并向系统添加另一层旁路攻击保护。统一的指令时间随机化和功率随机化使潜在黑客迷失在混淆的安全操作中。嵌入式处理器指令随机化处理如图 2-44 所示。

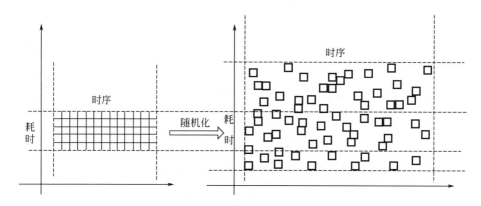

图 2-44　嵌入式处理器指令随机化处理

2. 具有防旁路攻击的系统级设计

电磁屏蔽将内部电源的主电源与缓冲电容去耦，以及为了测试而通常在芯片中使用的扫描功能上增加保护。正如前面提到的那样，没有 100% 安全的系统，但是系统设计要注意包含尽可能多的阻力特征，这有助于将潜在黑客攻击所需的时间和精力延长到不可能进行攻击的程度。

电磁遇到金属表面会发生屏蔽效应，电磁能量的一部分向发射源方向反射，另一部分在金属内耗散，剩余部分穿过金属部分向外继续传播。这种屏蔽效应可分别看作是出射电场与磁场使屏蔽体表面感应电荷，并在屏蔽体内感应出电流的结果。感应电荷和电流的极性与方向应使其伴生的电场和磁场抵消出射电场与磁场，从而削弱穿过屏蔽体的电磁场。一个终端设备或芯片屏蔽壳体的屏蔽效能由若干参数决定，其中最主要

的参数是出射波的频率和阻抗、屏蔽材料的固有特性、屏蔽体不连续性
的形式和数量。屏蔽体的屏蔽效能由该屏蔽体对电磁场强度的减弱程度
确定。屏蔽效能 S_E 定义为同一空域点无屏蔽体存在时的电磁场强度与加
屏蔽体后的电磁场强度之比：

$$S_E=20\lg（E_1／E_2）或 S_E=20\lg（H_1／H_2）$$

式中，E_1 和 H_1 分别为无屏蔽体时的电场强度和磁场强度；E_2 和 H_2 分别为在
同一空域点加屏蔽体后的电场强度和磁场强度。

电子元件辐射泄露屏蔽处理如图 2-45 所示。

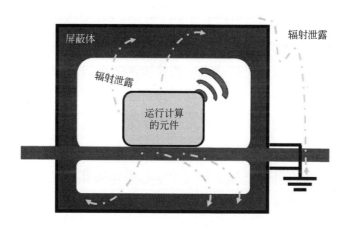

图 2-45　电子元件辐射泄露屏蔽处理[21]

2.6.3　旁路攻击防护的应用场景

旁路攻击防护的应用场景之一就是保护加/解密技术中的密钥，如非对称
加/解密技术的私钥和对称加/解密技术的密钥，都是黑客利用旁路攻击的重点
敏感信息。获取了加/解密技术的密钥，就等于拿到了篡改产品的钥匙。所以
防旁路攻击是安全产品中一个必不可少的保护环节。

时间攻击可能会在多任务和多处理器系统上变得更容易，攻击者可
以加载自己的代码或使用现有应用程序之间的交互及跟踪行为。对于网

络系统，基于时间的攻击是最可行的，且易被利用。使用内存缓存的系统特别容易受到基于时间的攻击，这是因为基于访问缓存命中或未命中及强制较慢读取或写入主内存给定代码段的性能差异显著。如果攻击者能够在系统上运行他们的代码，则可以利用基于时间的攻击，不是观察目标应用程序的运行时间，而是观察自己内存的访问时间，因为这些将受到缓存行为的影响，甚至可以在云服务器上实现。攻击者可以通过运行以预定方式填充行为的软件来强制高速缓存进入特定状态，并观察目标应用程序如何取代自己的数据。与具有高速缓存的系统类似，没有专用加密电路的低端微控制器，通常需要在不同的时间执行加密或解密数据所需的运算。通常使用的加密系统（如 RSA）采用指数运算（通常是平方运算）和乘法运算，每次只执行一比特。由于二进制系统只能使用移位操作实现平方运算，因此与低端微控制器使用的移位加串行乘法运算相比，前者花费的周期要少很多。攻击者可以查看处理每条指令所花费的时间。如果微控制器有一个专用乘法器，这将比平方运算消耗更多的能量和电流，并产生更多的热量和电磁辐射。在用 RSA 解密等的算法时，只有在处理的指数位是 1 时才会执行乘法运算。攻击者可以简单地测量电流的变化，以一次一位地导出密钥。

从时间攻击的分析中不难看出，时间攻击利用的是执行分支中不同操作所需时间的差异。这个时间上的差异正相关于执行分支的判断条件，用于条件判定的变量则极易被猜测出来。对于时间攻击的防护可以从弥补此攻击点着手，如插入伪操作平衡执行分支中不同操作所需时间。进一步探究间接防护方法，如引用随机数对判断条件的变量进行异或或者算术屏蔽；与插入伪操作进行混淆并随机化不同操作；对操作中涉及的数据进行变换等。

时间等值化处理的幂模运算如图 2-46 所示。

输入: 数据 m; 私钥 $d = \{d_{n-1}; \ldots; d_0\}$; 取模 N

输出: $m^d \bmod N$

执行: $a_0 \leftarrow m$
$a_0' \leftarrow m$
for i from n-2 to 0, do
$a_0 \leftarrow a_0^2 \bmod N$
if $d_i = 1$ then $a_0 \leftarrow m \cdot a_0 \bmod N$
else $a_0' \leftarrow m \cdot a_0' \bmod N$
return a_0

图 2-46　时间等值化处理的幂模运算

　　要建立一个安全的系统，对以上几项安全技术的合理、正确应用至关重要。它们就像摩天大楼的地基一样，需要将它们建好、建扎实，才能让摩天大楼屹立而不倒。除了以上提到的关键技术，还有一些安全技术没有在本书中提及，如虚拟化技术和物理隔离等。随着信息技术的发展，黑客攻击技术不断提升，安全技术也随之更新。在安全技术领域，对信任的建立与维护和私密与敏感数据的保护是永恒不变的主题。很多时候产品的安全，不仅局限于产品本身，还会扩展到整个系统、行业、社会，甚至国家安全。

第 3 章

Chapter 3

嵌入式安全处理器技术架构

随着高速网络和移动网络的普及，手机、移动终端、无人值守终端、物联网等嵌入式系统得到快速发展，我们可以更方便地使用嵌入式设备进行沟通和交易。在这些过程中，许多私密数据需要安全地通过嵌入式系统进行处理和存储，这对嵌入式设备的安全性能提出了非常高的要求。适用于数据安全环境下的嵌入式系统被称为嵌入式安全系统。

嵌入式处理器作为嵌入式系统的核心，是控制、辅助系统运行的硬件模块。系统对内部模块、接口的管理，系统和外部的通信，系统的运行逻辑，交互 UI 的实现，都是通过运行在处理器上的软件来实现。

由于嵌入式安全系统对安全有极高的要求，所以大部分嵌入式安全系统都会使用特殊的嵌入式处理器或协处理器来实现安全功能。使用在嵌入式安全系统的嵌入式处理器被称为嵌入式安全处理器。

嵌入式安全处理器需要承担大部分软/硬件安全防护工作，处理器本身需要具有安全启动、安全运行、被攻击时自动销毁敏感数据等特性，并且还需要给外围硬件提供安全可靠的通信接口，给软件提供安全相关的功能和接口。

3.1 嵌入式安全系统

3.1.1 引例

嵌入式安全系统涉及对私密数据的处理和存储，防止被第三方窃取和篡改，所以需要在软/硬件上对敏感数据进行保护。

以常见的 POS 终端机为例。POS 终端机作为日常接触最多的嵌入式安全系统，当客户使用商铺的 POS 终端机进行支付时，客户需要提供银行卡和输入密码来进行交易，在交易过程中，由于涉及客户、商铺、银行等各方资金，大家都会担心这笔交易的安全性，一旦某个环节存在安全隐患，资金就会存在风险。现场对这笔交易安全性的怀疑大部分都集中在这台小小的 POS 终端机上。

客户可能考虑的安全因素有：

（1）在刷卡过程中银行卡是否可能被复制？

（2）输入的密码是否可能会被记录？

（3）交易金额是否会被篡改？

商铺可能考虑的安全因素有：

（1）客户提供的银行卡和密码是否是真实正确的？

（2）客户支付的金额是否正确？

（3）银行是否认可这笔交易？

（4）商铺是否可以收到这笔钱？

POS 终端机怎样做到让大家觉得交易是安全的呢？大家对 POS 终端机的安全性主要提出了以下几点要求：

（1）POS 终端机本身是不能被改造或伪造的。

（2）POS 终端机不能保存或篡改任何客户数据。

（3）POS 终端机上运行的所有软件都必须是安全的。

（4）POS 终端机与外部的通信必须是安全的。

基于以上几点，我们总结了几点嵌入式安全系统主要的目标功能。

（1）数据完整性。数据完整性是指数据不能被第三方窥探或篡改。一旦数据被窥探或篡改，将会影响数据的私密性和真实性，攻击者可能获取到账号、密码、私密数据和文件，给用户造成重大损失。数据完整性包括防止数据被窥探及检测数据被更改。

（2）代码完整性。代码完整性是指系统运行的软件是安全、完整、正确的，以防止第三方通过修改软件的方式窥探或篡改数据。代码完整性包括防止代码盗用、检测代码更改及只允许授权的代码更改。

（3）设备完整性。设备完整性是指设备是安全、完整、正确的，以防止第三方通过修改或仿造硬件的方式来窃取或篡改数据。设备完整性包括保护密码密钥及防止产品假冒。

1. 安全性攻击的分类

安全性攻击按照功能性目标来分，攻击可以分为机密性攻击、完整性攻击及可用性攻击3类。

1）机密性攻击

这种攻击的目标是得到敏感数据在嵌入式系统中的存储、通信或处理信息。

2）完整性攻击

这种攻击试图改变与嵌入式系统有关联的数据及代码。

3）可用性攻击

这种攻击通过盗用系统资源，扰乱系统的正常功能。

按照攻击方法来分，则可以分为软件攻击、物理攻击和旁路攻击3类。

（1）软件攻击。软件攻击是嵌入式系统的一个主要威胁，它能够下载和执行应用代码。这些攻击通过病毒、蠕虫、特洛伊木马等恶意代理执行，并且它能够从完整性、保密性和可用性等方面危及系统安全。

（2）物理攻击。物理攻击能够通过探测器窃听嵌入式系统内部组件的通信。这种入侵型攻击需要 3 步完成：首先分离芯片封装；然后进行重建布局；最后利用人工微探测或电波显微法等技术来观测总线上的值，以及分离封装芯片上组件的接口。

（3）旁路攻击。旁路攻击是利用物理量分析和更改嵌入式系统的行为。通过观察电路中某些物理量的变化规律，来分析嵌入式系统的加密数据；或通过干扰电路中某些物理量来操纵嵌入式系统的行为。其具体又可以分为能量分析攻击、时间攻击、错误注入攻击和电磁分析攻击等几种主要攻击方式。

2．嵌入式安全系统应对具体攻击的安全策略

嵌入式系统安全要综合考虑物理层、平台层及应用层 3 个方面，从机密性、完整性和认证方面确定基本安全功能，通常以适当的安全协议和加密算法来执行。应对具体攻击方式可采取不同的攻击策略。

1）软件攻击的安全防护

软件是计算机和嵌入式系统安全问题的重要方面，恶意入侵者常常能够利用软件缺陷潜入系统。此外，联网的应用软件涉及当今能遇到的最普遍的安全危机，软件复杂性和扩展性的不断增加更是加剧了这种危机。

安全是软件系统一个必然的属性，这是容易被注重功能的开发人员忽视的细节。虽然现在软件系统有一些安全功能，同时大多数现代软件具备一定的安全特性，但是 SSL 这类附加特征并没有为安全问题提供一个完善的解决方案。

应对软件攻击，需要在软件设计初期就考虑到安全性问题，熟悉并理解常见威胁，对安全性进行设计，使所有软件设计产品通过严格客观的危机分析和测试。在嵌入式系统设计时主要从以下几个方面来考虑：

（1）在系统执行的每个阶段确保敏感指令和数据的机密性和完整性。

（2）确信从一个安全点执行给定程序，在系统启动或代码执行前进行检查，对不可靠的代码提供受限制的执行环境。

（3）去除使系统容易受攻击的软件中的安全漏洞。

2）物理攻击的安全防护

应对物理攻击采用一些先进的封装技术和攻击反应技术。例如，指定 4个不断提升的物理安全需求等级来满足一个安全系统。

（1）第 1 级需要最小的物理保护。

（2）第 2 级则加入明显的干预机制。

（3）第 3 级规定更强的探测及反应机制。

（4）第 4 级处理环境失败保护和测试。

更高的安全等级需要更高的芯片成本。

3）旁路攻击的安全防护

由于旁路攻击通过检测和分析系统的旁路信息来实现，因此当嵌入式系统的某些旁路信息具有易被观测和分析的征兆时，应尽可能地将其消除。面对各种不同的旁路攻击又可采取各自不同的对抗措施，其方式都是从增加攻击者得到这些旁路信息的难度入手。随机化就是目前频繁使用的一种应对各种旁路攻击的有效手段，它使攻击者无法确切知道某个操作的执行时间。

3.1.2 密码学

密码学是研究如何隐秘地传递信息的学科。密码是通信双方按约定的法则进行信息特殊变换的一种重要保密手段。在通信过程中，待加密的信息称为明文，已加密的信息称为密文，仅收发双方知道的信息称为密钥。在密钥控制下，由明文变为密文的过程称为加密，其逆过程称为脱密或解密。在密码系统中，除合法用户外，还有非法的接收者，他们试图通过各种办法窃取机密（又称为被动攻击）或篡改消息（又称为主动攻击）。

在嵌入式安全系统中，为了保护数据的完整性，防止数据被窥探或篡改，敏感数据都会经过加密之后再传输和存储，密码学作为数据加/解密的重要方式，在嵌入式安全系统中被大量应用。

密码通信系统如图 3-1 所示。

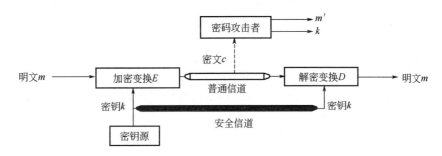

图 3-1　密码通信系统

对于给定的明文 m 和密钥 k，加密变换 E 将明文 m 变为密文 c；在接收端，利用脱密密钥 k 完成脱密操作，将密文 c 恢复成明文 m。

数据加密的基本思想是通过变换信息的表示形式来伪装需要保护的敏感信息，使非授权者不能了解被保护信息的内容。嵌入式安全系统使用密码学辅助完成传递敏感信息时存在的问题，主要包括以下几点。

（1）机密性。

（2）仅有发送方和指定的接收方能够理解传输的报文内容。窃听者可以截取到加密的数据，但不能还原出原来的信息，即不能得到原始数据。

（3）鉴别。

（4）发送方和接收方都应该能证实通信过程所涉及的另一方，通信的另一方确实具有他们所声称的身份。即第三者不能冒充跟你通信的对方，能对对方的身份进行鉴别。

（5）报文完整性。

（6）即使发送方和接收方可以互相鉴别对方，但他们还需要确保其通信的内容在传输过程中未被改变。

（7）不可否认性。

（8）如果人们收到通信对方的报文后，还要证实报文确实来自所宣称的发送方，发送方也不能在发送报文以后否认自己发送过报文。

密码学按照大类型分为对称加密和非对称加密。

对称加密指的是发送方和接收方都使用相同的密钥，只要是拥有密钥的接收方，都能够解密数据。因此密钥的保护是非常重要的，密钥必须安全地在发送和接收方传输和保存。对称加密由于工作机制简单，在大量数据传输时可以提高数据处理效率。

非对称加密指的是发送方和接收方使用不同的密钥，密钥被分为两部分：一部分为私有的钥匙，仅使用者才可拥有；一部分为公开的钥匙，可公开发行配送，只要有要求即可取得。

每个用户都有自己的公钥和私钥，公钥是对外发布的，所有人都可以看得到所有人的公钥，私钥由自己保存，每个人都只知道自己的私钥而不知道别人的。

非对称加密主要有以下 2 种应用场景。

（1）用该用户的公钥加密后，只有接收方的私钥才能解密。在这种情况下，公钥是用来加密信息的，确保只有特定的人（用谁的公钥就是谁）才能解密该信息。

（2）公钥用于解密信息，确保让别人知道这条信息真的是由发送方发布的，是完整且正确的。接收方由此可知这条信息确实来自拥有私钥的某人，这称为数字签名，公钥的形式就是数字证书。

在嵌入式安全系统中，对称加密和非对称加密都可能会被使用到，密钥作为加/解密过程中最关键的部分，保证其存储、传输的安全性是嵌入式安全系统最重要的工作。

表 3-1 给出了对称加密算法，表 3-2 给出了非对称加密算法。

表 3-1　对称加密算法（共享密钥）

类型	定义：发送接收使用相同的对称密钥	密钥长度/bit	分组长度/ bit	循环次数	安全性
DES	数据加密标准，速度较快，适用于加密大量数据的场合	56	64	16	依赖密钥，受穷举搜索法攻击
3DES	基于 DES 的对称算法，对一块数据用三个不同的密钥进行三次加密，强度更高	112 168	64	48	军事级，可抗差值分析和相关分析
AES	高级加密标准，对称算法，是下一代的加密算法标准，速度快，安全级别高，目前 AES 标准的一个实现是 Rijndael 算法	128 192 256	64	10 12 14	安全级别高，高级加密标准
IDEA	国际数据加密算法，使用 128 位密钥提供非常强的安全性	128	64	8	能抵抗差分密码分析的攻击
MD5	信息-摘要算法 Message-Digest 5	128	512	4	MD5 算法主要是为数字签名而设计的
SHA	安全散列算法 Secure Hash Algorithm	160	512	4	可实现数字签名，和 MD5 相似

表 3-2　非对称加密算法（公开密钥）

类型	定义：一对公开密钥和私有密钥	解释举例
RSA	基于大素数分解（Ron Rivest, Adi Shamir, Len Adleman 3 位天才的名字）	例如，$7 \times d = 1 \bmod 8$ 的模运算是：$(7 \times d) / 8 \ldots$余 1　$d=7$
ECC	椭圆曲线密码编码学	Elliptic Curves Cryptography

3.1.3 嵌入式安全处理器

嵌入式系统的主要软/硬件功能是通过处理器来实现的，处理器提供了系统内部模块的连接和控制、与系统外部的连接和信息沟通、系统本身的业务和工作流程、系统与人的交互操作等。

从硬件上，处理器提供了系统需要的大部分功能模块和接口，所有硬件由处理器集中控制和管理。

从软件上，处理器提供软件运行的环境，驱动软件可以灵活地控制和管理所有硬件模块，并与外部沟通。系统软件提供统一、方便的接口供应用软件调用，应用软件可以方便地实现业务逻辑和工作流程。

NXP i.MX6UL 芯片的内部框图如图 3-2 所示。

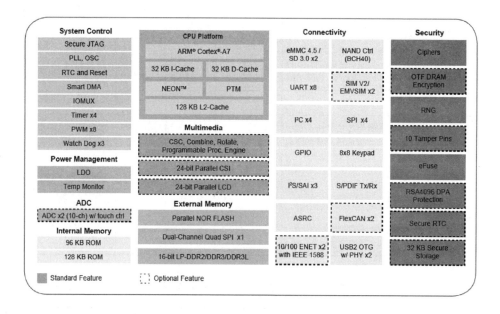

图 3-2　NXP i.MX6UL 芯片的内部框图

处理器内部主要模块包括：

（1）内核模块。内核模块是处理器数据运算的核心，主流的有 ARM\MIPS\X86 等内核架构。

（2）系统控制模块。系统控制模块包括时钟、定时器、DMA、看门狗等辅助其他模块运行的模块。

（3）电源管理模块。电源管理模块管理处理器内部各个模块的电源。

（4）数模转换模块。数模转换模块负责对数字信号、模拟信号进行转换。

（5）内存存储模块。内存存储模块是处理器的固件存储模块。

（6）多媒体处理模块。多媒体处理模块是对多媒体数据进行采集和处理的接口和模块。

（7）外部存储接口。外部存储接口是程序存储和运行时使用的 ROM 和 RAM。

（8）外部连接接口。外部连接接口是连接处理器外部模块的接口和端口，如常见的 I^2C/SPI/UART/USB/ENET 等。

（9）其他模块和接口。

针对嵌入式安全系统的安全需求，安全处理器作为处理器的分支，添加了很多定制的安全模块和功能。

嵌入式安全处理器主要功能包括 ROM 安全启动、安全调试接口、安全存储接口、总线加密接口、密码算法加速、真随机数生成及实时安全监控。

这些功能需要通过安全处理器的芯片设计、硬件 IP、特定软件来实现，所以安全处理器的选型至关重要，需要了解它们的功能、特性、产生，才能设计出完善的嵌入式安全系统。

3.2 嵌入式安全处理器硬件架构

嵌入式安全处理器是嵌入式处理器的分支,除常见嵌入式处理器的功能外,还需要提供更多安全功能来保障系统的安全性。

i.MX6UL 处理器的功能如图 3-3 所示。

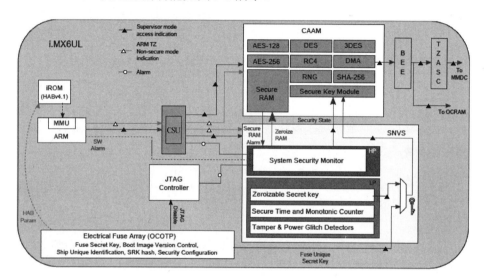

图 3-3 i.MX6UL 处理器的功能

除常见的处理器功能外,还有单独的安全功能模块。芯片安全组件包括:

(1)系统启动中的高保证启动(HAB)功能,最高可达 RSA-4096 签名验证。

(2)安全非易失性存储(SNVS)。

(3)ARM Cortex A7 平台中的 TrustZone(TZ)体系结构,支持 TrustZone 中断控制器(GIC)和 TrustZone 看门狗定时器(WDOG-2)。

(4)TrustZone 地址空间控制器(TZC-380),提供安全地址区域控制 DDR 内存空间的功能。

（5）使用 OCRAM 控制器具有 TrustZone 保护功能的片上 RAM（OCRAM）。

（6）64KB 片上安全 RAM。

（7）片上 OTP（OCOTP），带片上电气熔体。

（8）中央安全控制器（CSU）。

（9）安全的 JTAG 控制器（SJC）。

（10）智能直接内存访问（SDMA）控制器中的锁定模式。

（11）DryICE（实时监测频率、温度和电压）。

（12）10 个篡改引脚，支持 5 个主动篡改检测源。

（13）硬件加密加速器。

（14）对称：AES-128、AES-192、AES-256、DES、3DES 和 ARC4。

（15）散列消息摘要和 HMAC：SHA-1、SHA-224、SHA-256、SHA-384、SHA-512 和 MD-5。

（16）公钥 RSA（最多 4096bit）和 ECC（最多 1023 bit）。

（17）3DES 引擎的 DPA 保护。

（18）真实和伪随机数发生器。

（19）总线加密引擎（BEE）。

3.2.1　ROM 安全启动

在安全嵌入式系统中，需要保障软件系统是正确、完整的，以防第三方通过修改或替换 ROM 中的镜像文件来篡改或伪造软件。

ROM 安全启动机制通过 CAAM 模块对 ROM 中的镜像文件进行签名验

证，只有完整、正确的镜像文件才能被运行，否则将会被认为是攻击，无法运行。

i.MX6UL 芯片使用 HAB 启动模式实现 ROM 安全启动，包括以下特性：

（1）通过芯片内部 ROM-CODE 强制运行，不能改变运行流程。

（2）可以对任何可引导设备加载的软件进行认证，包括 USB 下载和 JTAG 下载。

（3）使用 RSA 公钥和 SHA-256 哈希算法进行签名验证。

（4）制造商可以将根公钥指纹编程到芯片的 FUSE 中，子区域只可以一次性写入，不能更改。

（5）可以支持多组根公钥指纹。

（6）验证失败时会切换到需要通过身份验证的 USB 下载模式。

（7）可以配置安全模式和非安全模式，在非安全模式，不需要执行签名验证流程。

（8）HAB 在 Trust Zone 安全模式下运行。

（9）HAB 运行时，同时会初始化安全状态监视。

（10）HAB 可以使用快速计算。

HAB 启动流程如图 3-4 所示。

HAB 启动主要分签名和验签两个步骤。

1. 镜像文件签名过程

（1）原始镜像文件生成哈希值。

（2）对哈希值通过私钥进行加密，生成签名。

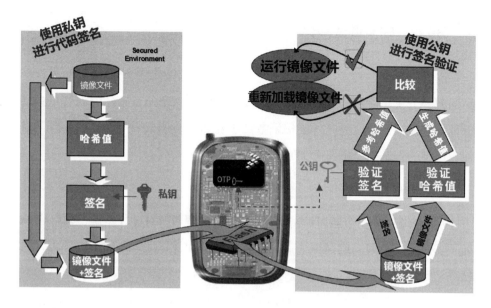

图 3-4　HAB 启动流程

（3）将原始镜像文件和生成的签名一起保存在外部 ROM 中。

（4）将公钥的哈希值写入芯片的 OTP 区域。

2. 镜像文件启动过程

（1）从外部 ROM 中读出镜像文件和签名。

（2）签名里的公钥计算得到的哈希值和 OTP 区的公钥哈希值对比，验证是否正确。

（3）通过公钥解密出镜像文件的参考哈希值。

（4）镜像文件生成哈希值。

（5）对比镜像文件生成哈希值和参考哈希值，如果正确则会运行镜像文件，否则会报错。

通过以上机制，可以确保镜像文件的正确性和完整性。在实际应用场景中，只要不泄露私钥，都可以保证安全。

■ 3.2.2 安全调试接口

嵌入式系统在开发、生产和流通环节都需要保留调试接口，以便进行产品的问题分析、跟踪和升级。嵌入式安全系统在保留调试接口的同时，必须保证调试接口的安全性，才能保证数据不被通用的调试手段获取和篡改。目前，通用的调试接口主要有 JTAG、调试串口。

1. JTAG 端口

JTAG 端口是一个通用调试端口，提供对处理器所有硬件资源（包括 ARM 处理器和系统总线）的调试访问，它允许控制和操作处理器的所有外设，包括存储设备。

在最初的平台开发、制造过程中，JTAG 端口是必要的测试和故障排除接口。

考虑 JTAG 的功能，JTAG 操作是众所周知的用于访问敏感数据并获得软件执行控制权的攻击手段。

系统 JTAG 控制器（SJC）可防止基于未经授权的 JTAG 操纵。它还提供了一个符合 IEEE 1149.1 和 IEEE 1149.6（AC）边界扫描（BSR）测试的标准 JTAG 端口。

系统 JTAG 可以提供以下安全等级。

（1）JTAG 禁用。JTAG 禁用是指 JTAG 的使用被永久阻止。

（2）关闭调试。关闭调试是指所有安全敏感的 JTAG 功能都会被永久封锁。

（3）安全的 JTAG。安全的 JTAG 是指 JTAG 使用是受限制的（如在无调试级别），除非有秘密密钥成功地执行了挑战/响应协议。

（4）启用 JTAG。启用 JTAG 是指 JTAG 的使用是不受限制的。

系统 JTAG 的安全等级被配置在 E-FUSE 中。

2．扫描保护

i.MX6UL 芯片包括进一步扫描保护逻辑的 SJC 模式，确保对关键安全值的访问起到保护作用。

（1）进入扫描模式后，芯片被重置。

（2）所有模块在接收扫描启用指示之前都会重置两个时钟周期。

（3）该芯片不能在不重置的情况下退出扫描模式。

（4）安全模块，包括 SNV、CSU 和 OCOTP_CTRL，有额外的扫描功能保护逻辑来保护敏感的内部数据和功能。

3．调试串口

调试串口是另一种常见的软件调试接口，可以输出调试打印信息、Shell 终端。

调试串口功能如下：

（1）输出系统启动关键信息，分析系统启动流程、排查启动故障。

（2）输出软件关键信息和数据，跟踪软件运行流程、排查问题。

（3）提供交互式 I/O 终端，方便手动执行软件。

安全调试串口方式包括：

（1）在软件上彻底关闭调试串口。

（2）在硬件上不引出或隐藏调试串口接口。

（3）设置调试串口密码访问权限，在输入正确的密码后才能打开调试串口功能。

3.2.3 安全存储设计

嵌入式安全系统在运行过程中，使用的敏感数据都存储在存储器里，嵌入式安全处理器必须有安全的机制保证不会让第三方通过存储器获得这些敏感数据。

安全存储包括安全动态存储和安全静态存储。

1. 安全动态存储

安全动态存储主要指处理器内部 RAM 和寄存器、芯片内部安全区域及外部 RAM。

处理器内部 RAM 和寄存器的访问方式有 JTAG 接口、应用软件、交互式 I/O 终端。JTAG 接口的安全保护由 SJC 模式提供，在产品流通环节，基本都会关闭 JTAG 接口或把 SJC 接口设置为更高的安全等级。应用软件安全保护的主要做法是关闭第三方应用的安装和运行接口，只允许运行经过授权的应用。交互式 I/O 终端安全保护的主要做法是关闭或设置权限访问调试串口的交互式 I/O 终端功能。

芯片内部安全区域安全包括：

（1）芯片内部安全相关 RAM 设置安全访问等级，非安全方式无法访问。

（2）芯片内部保存安全相关 ROM 设置为只写模式，无法直接读取。

（3）芯片 OTP 区域设置为可写、不可擦除、无法直接读取模式。

外部 RAM 通过总线加密方式，对和 RAM 通信的接口进行加密读写，防止外部工具对与 RAM 通信的接口进行抓取。

2. 安全静态存储

安全静态存储主要指存放系统软件的 Flash、Emmc、SD 卡等存储设备，静态存储安全主要是为防止复制、篡改。主要的安全措施有：

（1）系统的引导程序、内核、文件系统经过加密存储，在系统启动过程中进行安全启动的签名验证，一旦被篡改将无法启动。

（2）文件系统会设置为只读模式，以防被篡改。

（3）应用软件在运行时做校验，防止执行被篡改过的应用程序。

（4）在系统升级时，对升级包中的软件做校验后再保存，防止被篡改。

（5）系统的配置文件、数据文件在每次打开或关闭时做校验，以防被篡改。

3.2.4　访问权限管理

在嵌入式安全系统中，软件系统非常庞大，但是和安全相关的软件功能比较少，大部分软件是用于实现业务逻辑或交互界面的。如果整个软件系统都运行在高度安全的状态，将会对系统造成极大的消耗。让软件的安全部分运行在更高的安全等级，普通的不涉及安全的软件运行在普通的安全等级，这就需要对软件进行访问权限管理。

1．内核级别访问权限管理

在芯片级别上，TrustZone 体系结构为安全关键型应用程序提供可信的软件执行环境。在此环境中运行的软件受到保护，以免受到攻击。潜在受损的平台软件包括应用程序、服务、驱动程序和甚至操作系统本身。TrustZone 硬件保护机密性安全服务和敏感数据的完整性。此外，安全服务包括防止对处理器资源的访问或不受控制的中断被劫持。TrustZone 允许安全关键型软件与丰富的平台软件共存环境。

TrustZone 是 ARM 针对消费电子设备设计的一种硬件架构，其目的是为消费电子产品构建一个安全框架来抵御各种可能的攻击。

TrustZone 在概念上将 SoC 的硬件和软件资源划分为安全（Secure World）

和非安全（Normal World）两个世界，所有需要保密的操作在安全世界执行（如指纹识别、密码处理、数据加/解密、安全认证等），其余操作在非安全世界执行（如用户操作系统、各种应用程序等），安全世界和非安全世界通过监控模式进行转换，如图 3-5 所示。

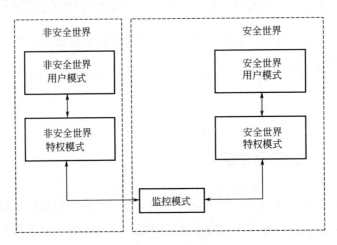

图 3-5　ARM 的安全世界和非安全世界

在处理器架构上，TrustZone 将每个物理核虚拟为两个核：一个是非安全核（Non-Secure Core，NS Core），运行非安全世界的代码；另一个是安全核（Secure Core），运行安全世界的代码。

两个虚拟的核以基于时间片的方式运行，根据需要实时占用物理核，并通过监控模式在安全世界和非安全世界之间切换，类似同一 CPU 下的多应用程序环境；不同的是，多应用程序环境下操作系统实现的是进程间切换，而TrustZone 下的监控模式实现了同一 CPU 上两个操作系统间的切换。

TrustZone 硬件架构旨在提供安全框架，从而使设备能够抵御即将遇到的众多特定威胁。TrustZone 技术允许 SoC 设计人员从大量可在安全环境中实现特定功能的组件中进行选择的基础结构，而不提供固定且一成不变的安全解决方案。

架构的主要安全目标是支持构建可编程环境，以防资产的机密性和完整性受到特定攻击。具备这些特性的平台可用于构建一组范围广泛的安全解决方案，而使用传统方法构建这些解决方案费时费力。

可通过以下方式确保系统安全：隔离所有 SoC 硬件和软件资源，使它们分别位于两个区域（用于安全子系统的安全区域及存储其他所有内容的普通区域）中。支持 TrustZone 的 AMBA3 AXI™总线构造中的硬件逻辑可确保普通区域组件无法访问安全区域资源，从而在这两个区域之间构建强大边界。将敏感资源放入安全区域的设计，以及在安全的处理器内核中可靠运行的软件可确保资产能够抵御众多潜在攻击，包括那些通常难以防护的攻击（如使用键盘或触摸屏输入密码）。通过在硬件中隔离安全敏感的外设，设计人员可限制需要通过安全评估的子系统数目，从而在提交安全认证设备时节省成本。

TrustZone 硬件架构在一些 ARM 处理器内核中实现了扩展。通过这些额外增加的扩展，单个物理处理器内核能够以时间片的方式安全有效地同时从普通区域和安全区域执行代码。这样，便无须使用专用安全处理器内核，从而节省了芯片面积和能源，并且允许高性能安全软件与普通区域操作环境一起运行。

更改当前运行的虚拟处理器后，这两个虚拟处理器通过新处理器模式（监视模式）进行上下文切换。

物理处理器受到密切控制、用于从普通区域进入监视模式的机制，始终被视为监视模式软件的异常。要监视的项可执行专用指令，由安全监视调用（SMC）指令的软件触发，或由硬件异常机制的子集触发。可对 IRQ、FIQ、外部数据中止和外部预取中止异常进行配置，以使处理器切换到监视模式。

在监视模式中执行的软件是实现定义的，但它通常保存当前区域的状态，并还原将切换到的区域位置的状态。然后，它会执行从异常状态返回的操作，以在已还原区域中重新启动处理过程。TrustZone 硬件架构的安全感知调试基础结构可控制对安全区域调试的访问，而不会削弱普通区域的调试可视化。

2. 软件系统级别访问权限管理

在常见的操作系统中，软件会分为内核态和用户态，内核态的软件受更高级别的保护，保护内核的稳定性。通过内核空间和用户空间不同的访问级别来隔离操作系统和用户进程的代码和数据。

3. 安全模块的访问权限管理

对于 i.MX6UL 芯片，有独立的 SNVS（非易失性安全存储）模块，这个模块有不同的安全状态和等级。

对于嵌入式安全处理器，有以下 4 种安全操作模式的设置。

以下是来自最高安全性的安全模式列表：

（1）TrustZone（安全）特权（内核态）模式：最高安全级别。

（2）TrustZone（安全）非特权（用户态）模式：中等安全级别。

（3）非 TrustZone（常规）权限（内核态）模式：中等安全级别。

（4）非 TrustZone（普通）非特权（用户态）模式：最低安全级别。

这个功能实现如下：

（1）从设备级别（CSL）寄存器值指定外设资源的配置。

（2）为该外设定义输出信号（csu_sec_level）。

（3）确定外设可以访问的主要权限。

■ 3.2.5 加密总线接口

在嵌入式安全系统中，安全处理器和外部模块的通信、处理器内部模块的通信、安全相关软件的运行，都需要通过总线加密的方式来实现。总线加密必须保证安全性和实时性，才能在不影响系统运行性能的情况下安全地保护总线上的数据。在嵌入式安全处理器上，通常都会有独立的模块负责总线加密，这个模块必须具有以下特性：

（1）必须挂载到 AXI 总线上，才能保证数据的带宽。

（2）要有足够大的读写缓冲区，以防数据阻塞。

（3）需要有独立的加/解密引擎，提高加/解密效率。

i.MX6UL 内部使用独立的总线加密引擎，简称 BEE（Bus Encryption Engine，总线加密引擎）。BEE 模块运行机制如图 3-6 所示。

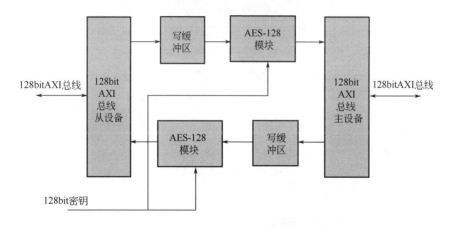

图 3-6　BEE 模块运行机制

总线上的数据传输到写缓冲区，通过快速加/解密引擎，输出到总线的另一端，在应用层完全不需要做特殊处理。

在实际应用中，需要配置实际物理地址、映射空间大小、映射地址，当配置完成后，对映射地址的数据操作都会通过总线加密引擎转换为实际物理地址，实际物理地址上的数据都是经过加密的数据，避免被抓取原始数据。

图 3-7 所示为地址重新映射。

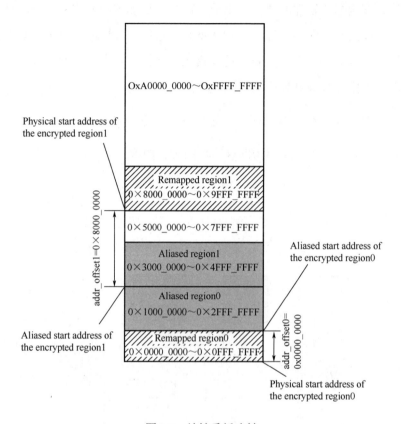

图 3-7　地址重新映射

■ 3.2.6　密码算法加速器

由于安全处理器需要做大量加/解密运算，所以安全处理器里都会有独立的密码算法加速器，以快速响应大量加/解密运算。

密码算法加速器如图 3-8 所示，它主要由以下几部分组成：

（1）主总线接口：需要加/解密数据的输入和输出接口。

（2）从总线接口：系统总线接口，可以被其他模块调用。

（3）寄存器总线接口：通过设置寄存器对硬件算法加速器模块进行配置。

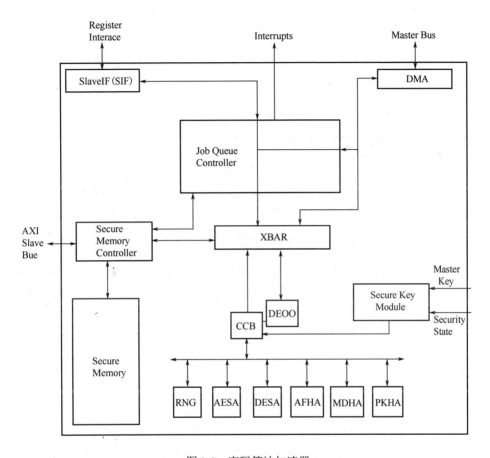

图 3-8　密码算法加速器

（4）任务队列控制器：通过任务队列的方式对批量数据进行加/解密操作。

（5）安全控制模块：通过安全机制调用主密钥。

（6）多种加/解密算法硬件加速模块：每种加/解密算法都使用独立的硬件加速模块。

（7）安全内存：在独立的安全内存区域存放加/解密过程中的临时数据。

在实际应用过程中，可以通过两种方式调用密码算法加速器：一是安全启动过程调用，在安全启动过程中，需要对系统镜像进行验签，验签的过程会通过硬件算法加速器对系统镜像进行密码比对，如果密码正确，就可以正常启动，否则无法启动；二是应用层调用，在应用层，可以通过标准接口对任何数据进行加/解密运算，以验证数据的安全性。

3.2.7　真随机数生成器

在非对称加密算法中，随机数是一个非常重要的参数，如果随机数生成的方式有规律，侵入方可以通过随机数破解密码或伪造加密数据。所以在安全设备里，真随机数生成器对于密码和数据的安全保护至关重要。

通过程序计算出的随机数被称为伪随机数，伪随机数是通过"种子"和计算公式计算出来的，第三方可以通过大量的数据暴力破解出规律，以得到数据或伪造数据。

真随机数理论上是可以做到生成的数据是完全没有规律的。真随机数生成器分为以下几种类型。

1. 基于电路特性

基于电路特性的随机数生成器可以根据振荡器采样、电路噪声等参数产生随机数。

2. 基于物理特性

基于物理特性的随机数生成器可以根据环境中的空气噪声、宇宙射线等参数产生随机数。

真随机数生成器需要满足两个特性：

（1）生成方式独立性。生成随机数的条件是随机的，生成的数据不能受到外围因素的影响，以防第三方根据外围因素找出随机数的生成规律，来截取或伪造结果。

（2）生成的数据分布均匀性。生成的随机数必须是均匀分布的，以防第三方根据生成的随机数分布方式和范围暴力破解。

■ 3.2.8　实时安全事件监控

实时安全事件监控主要用来监测设备被第三方从物理上侵入或篡改的情况。

当设备被第三方侵入时，安全处理器会监测到侵入，并销毁安全区域的数据，如密钥、敏感数据等，防止被第三方获取或篡改安全区域的数据。

实时安全事件监控主要分为内部监测和外部监测两种。

1．内部监测

内部监测主要监测芯片正常运行的条件和环境是否超出范围。

（1）温度监测主要用来监测芯片工作温度的变化。一些入侵者可能会通过对芯片进行加温或降温的动作使芯片工作在不稳定状态，来窃取数据。当芯片温度超过设定的温度范围时，将会引起触发。

（2）电压监测主要用来监测安全模块的供电电压。一些侵入者可能会使用修改安全模块供电电压的方式使芯片工作在不稳定状态。当处理器内部安全模块的供电电压超过设定的电压范围，将会引起触发。

（3）时钟监测主要用来监测安全模块外部时钟的精准度，一些侵入者可能会使用修改安全模块外部时钟的方式使芯片工作在不稳定状态。当安全模块外部时钟发生较大偏差时，将会引起触发。

2．外部监测

外部监测主要用来监测设备被拆开、电路板被破坏等情况。一些侵入者可能会拆开设备，对电路板进行修改或窥测，外部监测分为被动监测和主动监测。

被动监测只监测输入电压的高低，当输入电压的高低发生变化时，将会引起触发。被动触发参考电路如图 3-9 所示。

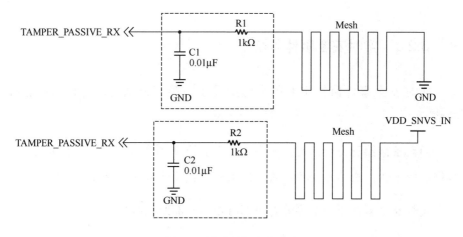

图 3-9　被动触发参考电路

主动监测需要 2 个引脚来实现，发送引脚会发送随机的高低电压，接收引脚会把接收的高低电压和发送的高低电压做比较，一旦接收的电压和发送的电压有差异，将会引起触发。主动触发参考电路如图 3-10 所示。

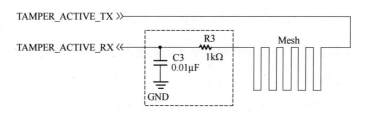

图 3-10　主动触发参考电路

对于 i.MX6UL 芯片，如果触发检测功能打开，并且开启触发中断检测后，引起触发时会有以下操作：

（1）产生安全触发中断，并将安全区域的状态设置为不安全状态。

（2）运行安全相关的硬件操作，如这个触发设置了触发自动和立即擦除可归零的主密钥，并且拒绝访问和擦除安全存储器内容，这些操作将会自动执行，不需要软件操作。

3.2.9 安全微控制器和安全应用处理器硬件架构差异

嵌入式系统中使用的处理器分为微控制器和应用处理器，微控制器相对简单，应用处理器相对复杂。微控制器和应用处理器的差异主要集中在硬件结构、软件架构和应用领域 3 个方面。

1．硬件结构

微控制器使用架构简单、运算能力一般、功耗较低的内核，如 8051/9S08/ Cotex-M 等内核，内部集成足够用的 RAM、ROM，有常用的简单外设接口。

应用处理器一般使用架构复杂、运算能力较强的内核，如 X86/MIPS/Cotex-A 等内核，并且还可能同时拥有多个协处理器（如图像处理器、视频处理器等），系统主要使用外部 RAM 和 ROM，有丰富的外设接口。

2．软件架构

微控制器由于 RAM/ROM 资源有限，大部分都没有操作系统，或仅有运行简单的操作系统（如 UC-OS/Free-RTOS 等），针对微控制器的操作系统，开发环境复杂，可移植性较低。

应用处理器主要运行 Linux/Windows/Android 等嵌入式系统，可以实现的功能强大，并且有很多开源的工具包可以直接使用，开发环境和计算机上的软件开发环境类似，比较容易上手。

3．应用领域

微控制器主要使用在简单的控制应用上，能够实现的功能简单，但价格便宜、体积小、功耗低、应用量非常庞大。

应用处理器主要使用在功能复杂、运算量大、需要复杂人机交互界面的系统上，能够实现复杂的功能和性能，但价格贵、体积大、功耗高。

安全微控制器和安全应用处理器都需要有安全模块，由于微控制器和应用处理器的差异，安全模块的功能和性能会有较大的差异。

3.3 嵌入式安全处理器软件架构

嵌入式安全处理器基本都可以运行操作系统，如 Linux、Android 等。

软件架构分为以下几层：

（1）驱动层：负责驱动芯片内部模块、接口及外部模块和接口，提供可供内核使用的标准软件接口。

（2）内核层：常见的 Linux/UNIX/Windows 内核，提供标准接口并负责和系统层通信。

（3）系统层：常见的 Android/Windows 系统，提供标准接口并负责和内核层、中间件层、应用层通信。

（4）中间件层：封装常见和通用功能，以方便应用层调用。

（5）应用层：实现需要的功能。

典型的 Android 系统架构如图 3-11 所示，它大概分为以下几层：

（1）应用层。应用层是应用 Java 语言编写的运行在虚拟机上的程序，如 E-mail 客户端、SMS 短消息程序、日历等。

（2）应用框架层。这一层是编写 Google 发布的核心应用时使用的 API 框架，开发人员同样可以使用这些框架开发自己的应用功能，这样便简化了程序开发的结构设计，但是必须要遵守其框架开发原则。

（3）系统运行库（C/C++库及 Android 运行库）层。当使用 Android 应用框架时，Android 系统会通过一些 C/C++库支持各个组件，使其更好地为我们服务，如 SQLite（关系数据库）、Webkit（Web 浏览器引擎）。

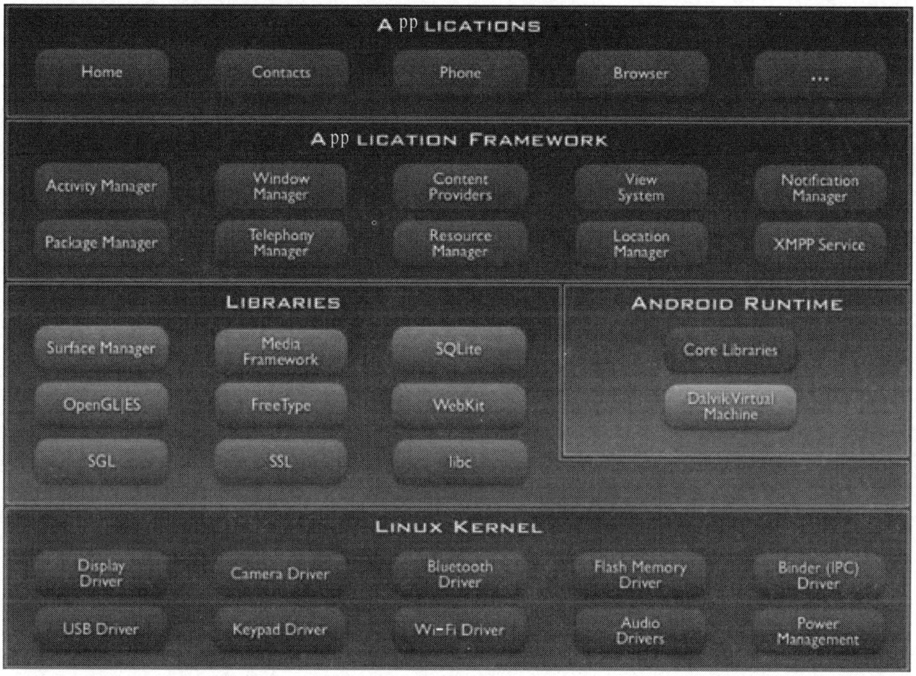

图 3-11　典型的 Android 系统架构

（4）Linux 内核层。Android 的核心系统服务给予 Linux 内核，如安全性、内存管理、进程管理、网络协议栈和驱动模型等都依赖于该内核。Binder IPC（Internet Process Connection，进程间通信）Driver 是 Android 的一个特殊驱动程序，具有单独的设备节点，提供进程间通信的功能。

对于嵌入式安全系统来说，还需要以下安全软件来保障系统的安全：

（1）独立的驱动层，用来驱动安全模块。

（2）独立的中间件，用来负责安全数据的处理和沟通。

（3）独立的安全应用，使数据段和代码段运行在通过安全加密引擎映射的地址空间上。

◼ 3.3.1 固件更新的安全设计

大部分设备都需要实现固件更新功能，以方便维护设备的稳定性和扩展性。新的升级包可以通过外接存储设备、网络、无线通信等方式传输到设备上，由升级软件对升级包进行分析，判断需要升级的操作和固件，来实现对设备的升级。

对于分布方式分散，并且具备网络连接功能的设备，最简单、方便的固件升级方式是 OTA（Over-The-Air）在线升级。

OTA 在线升级在日常消费电子产品中很常见，如手机、机顶盒等，通过网络下载升级数据包，更新操作系统等底层固件进行系统的更新升级。

OTA 在线升级系统对于批量化消费电子产品来说是相当重要的。因为销售给客户的电子产品，其中的软件系统可能有潜在的 bug 或者功能实现不齐全，需要在售后进一步完善更新系统，一般都是通过网络远程为用户进行系统更新升级。

要设计带有 OTA 在线升级功能的嵌入式系统，首先需要对系统的 Flash 存储区进行分区规划。

带有 OTA 升级功能的嵌入式系统 Flash 存储器分区规划如图 3-12 所示。

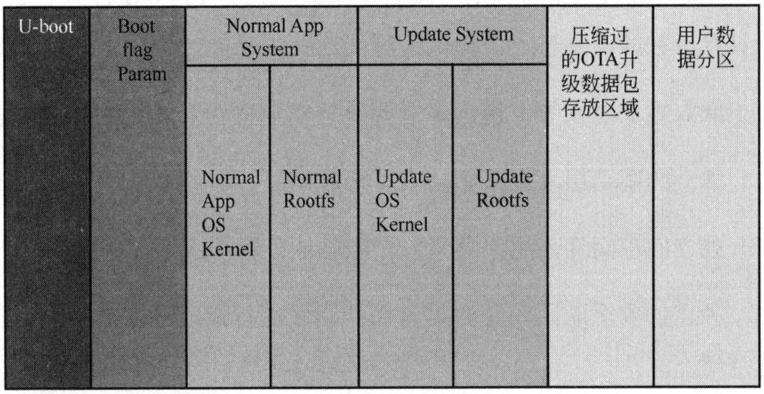

U-boot	Boot flag Param	Normal App System		Update System		压缩过的OTA升级数据包存放区域	用户数据分区
		Normal App OS Kernel	Normal Rootfs	Update OS Kernel	Update Rootfs		

图 3-12　带有 OTA 升级功能的嵌入式系统 Flash 存储器分区规划

在图 3-12 的 Flash 分区规划中，U-boot 根据 Boot Flag Param 分区里的数据，选择是从正常的应用系统 Normal App System 启动，还是从升级系统 Update System 启动。

U-boot 可以用其他类型的 Boot 代替，常规应用系统和升级系统的 OS Kernel 可以是 Linux Kernel，也可以是普通的 RTOS Kernel。实际设计时，要根据 Flash 存储空间的大小进行调整与优化，选择合适的 OS Kernel 和 U-boot 进行系统的规划。

另外，OTA 升级时，从网络上下载的一般是压缩的升级数据包（数据包包含 OS Kernel 与 Rootfs），需要一个单独的分区存放压缩的升级数据包。

用户数据单独设置一个分区存放，以保证 OTA 更新升级后，用户数据不会丢失。

嵌入式系统在线升级流程具体如下。

1. Normal App 系统与 Update 系统的启动选择

带有 OTA 升级的嵌入式系统，一般都有两个系统，一般是通过启动 Update 系统，再运行 Update 系统的应用，擦除 Normal App 系统中的程序数据，再将 OTA 下载的新系统数据解压，重新写入 Normal App 系统所在的分区。双系统的启动选择方式如图 3-13 所示。U-boot 通过读取 Boot Flag Param 分区中的参数来选择一个系统启动。

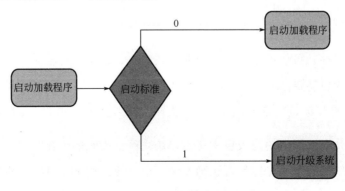

图 3-13 双系统的启动选择方式

2. 系统 OTA 在线升级流程

系统 OTA 在线升级流程如图 3-14 所示。整个 OTA 在线升级并不神秘，但是步骤多而烦琐，画出流程图，我们才知道每一步到底做了什么。

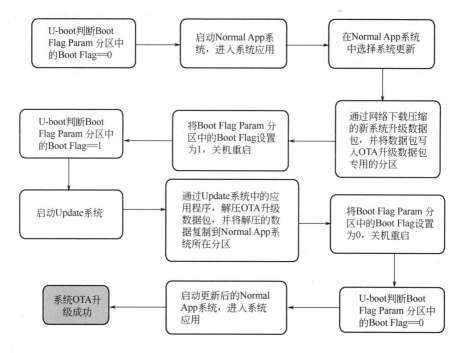

图 3-14　系统 OTA 在线升级流程

由于嵌入式安全系统需要考虑系统的安全性，在传统 OTA 升级中必须加上更多的安全保障。

固件更新的安全设计主要包括以下 3 个方面。

（1）固件升级包可以通过安全的方式完整、正确地传输到设备上。设备接收的升级包需要做完整性校验和签名校验，只有所有校验都正确时，才认为是正确的升级包。防止在升级过程中接收到伪造或被篡改的 OTA 包。

（2）升级过程中的升级包文件需要是完整且正确的。在升级的每一步，都需要重新校验升级文件是否正确，防止在升级过程中，升级文件被伪造或篡改。

（3）升级过程中的异常恢复。在系统中需要增加分区来保存原始系统和升级后的系统，防止在升级过程中出现异常中断或原始升级包错误，导致系统无法正常运行。当出现系统无法正常运行的情况时，自动切换到升级前的版本，保证设备能正常工作。

3.3.2　数据访问的安全设计

数据访问的安全设计主要是为保护安全设备里的敏感数据不被第三方获取，主要通过设置访问权限的方式来保护未授权访问。

1．外部存储设备的数据访问权限

当设备具备连接外部存储设备的接口，如 U 盘/SD 卡时，外部存储中可能会存在伪造的软件或固件来获得敏感数据。

主要可能存在以下情况：

（1）外部存储中存放伪造的升级包文件或程序，让系统认为是正确的升级包并执行，设备中的系统被替换为非安全系统。针对这种攻击，应该完善固件更新的安全设计，在升级过程中每一步都对升级包进行身份验证。

（2）外部存储设备获得可执行权限，其中的恶意程序被执行。针对这种攻击，应该完善系统的执行权限，任何未被授权的外部存储中的所有文件都不能被系统执行。

（3）外部存储设备可以得到被复制的文件或数据，第三方可以通过获取到的文件分析出敏感数据。针对这种攻击，应该完善系统的文件管理权限，任何未被授权的外部存储都不能获取写入权限。

2．第三方应用程序的数据访问权限

在有些设备中，因为功能需求需要开发第三方应用程序接口，攻击方可以通过第三方应用程序接口伪造成安全的应用，来获得敏感数据或文件。

主要存在以下情况：

（1）应用程序是被伪造的。通过严格的签名验证机制验证应用程序的来源，不明来源的应用程序都会被拦截，无法安装或执行。

（2）应用程序是经过授权的，但是应用程序本身存在恶意代码。针对这种攻击，需要完善系统的权限设计，让安全相关的数据运行在更高级别的权限中，普通应用程序运行在较低级别，没有权限访问高权限数据。

3. 远程连接的数据访问

设备为了管理和维护的需求，需要打开远程连接接口。攻击方可能使用远程连接接口伪造成合法用户甚至超级用户，侵入设备获取或篡改数据。针对这种攻击，应该在远程连接时尽量使用安全连接，SSH/HTTPS 等远程连接的端口、账号尽量不要暴露，在权限管理上最大程度限制用户权限。

第 4 章

Chapter 4

如何构建安全物联网网关

4.1 安全物联网网关概述

4.1.1 安全物联网网关的基本特性

物联网网关是一个标准的网元设备，实现了传感网与通信网络的互联互通。一方面汇聚各种采用不同技术的异构传感网，如局域网（以太网、无线局域网、蓝牙、Wi-Fi）和个域网（ZigBee、传感器网络），并对不同类型感知网络之间的通信协议进行转换，将传感网的数据通过通信网络远程传输；另一方面，物联网网关通过广域网（无线移动通信网络、卫星通信网络、互联网和公众电话网）与远程运营平台对接，为用户提供可管理、有保障的服务网络，运营商通过物联网网关设备可以管理底层的各感知节点，了解各节点的相关信息，并实现远程控制。在现代物联网体系中，物联网网关发挥着承上启下的关键作用，根据实际使用场景和技术体系，可以灵活部署物联网网关，如面向家庭的智能家居网关，面向工业的智能传感器网关，面向智慧城市的 M2M 网关等。物联网体系结构如图 4-1 所示。

随着现代工业的发展和技术进步，越来越多的终端节点设备将接入网络，在接入物联网的设备/传感器和云端建立物联网网关，可以很好地处理大规模接入产生的问题。

1. 成本、安全及电池寿命问题

如果每个传感器/设备直接连接互联网，将对现有网络和局端处理能力造成极大的流量压力；这些传感器设备暴露在广域网下也导致容易被黑客入侵。

一旦这些传感器/设备连接互联网，就容易受到恶意软件的攻击和控制，数以千计的物联网设备一旦被控制，攻击者就可以通过这种"机器人网络"的设备攻击并占用互联网通信设备和服务器，导致服务瘫痪或者数据泄露，从而造成不可估量的损失。

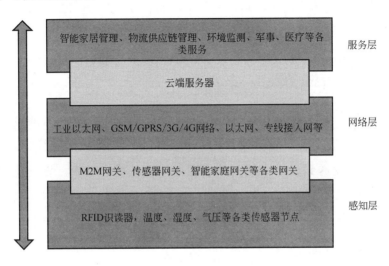

图 4-1　物联网体系结构

同时对一些依赖电池供电的传感器/设备节点而言，功耗问题至关重要。由于可能需要建立自有远程连接网络能力，如通过卫星连接和移动网络连接等；同时为了满足物联网连接和数据处理的安全问题，数据处理单元往往需要具备一定计算能力，高计算能力需要使用较高等级的处理单元，这会增加成本和功耗的压力，这对电池寿命来说也是一个大问题。

物联网网关作为连接感知网络与传统通信网络的中枢，减少了连接互联网的传感器/设备的数量，传感器/设备只需要将数据发送到网关，并且网关可以通过单个更高带宽的连接将数据回传到云端。网关允许传感器/设备在较短距离内进行通信，也可选择低功耗的通信系统，从而提高电池寿命。另外，由于不直接连接广域网，所以广域网的一些安全措施都可以转移到物联网网关，因而只需要专注局域网（子网）安全传输，通过把一部分安全处理和网络连接转移到物联网网关，从而降低传感器/设备端 CPU 计算能力和能耗要求，节省节点端成本。物联网网关作为连接广域网的设备，是物联网子网的第一道安全防线。

2. 标准化和协议转换问题

完整的物联网（IoT）应用可能涉及许多不同种类的传感器和设备，如智能农业，可能需要温度传感器、湿度传感器、光传感器及自动灌溉和施肥系统等设备。这些不同的传感器和设备都可能使用不同的传输协议进行数据传输，包括蓝牙、LPWAN 和 ZigBee 等。

通过在物联网网关中增加相应协议的支持，就可以达到通过不同协议与传感器/设备进行通信的目的，然后将该数据转换为标准协议（如 MQTT），再发送到云端，统一外部通信标准，提高效率。标准化是物联网能否成功运行的关键，在物联网的大环境下，各个制造商之间的设备需要互联互通，通过网关可以承载更多业务，统一通信从而实现物联网设备间的互联互通。

3. 数据过滤和数据存储问题

目前，物联网应用越来越广泛，物联网节点数量快速增长，需要存储的数据也呈几何级增长，存储系统也在不断增大。这些传感器/设备产生的数据由于大部分无人值守，很多数据是重复的或者无效的，这些无用的数据对数据传输、数据存储及系统稳定性造成了极大压力。通常在这种情况下，需要网关对数据继续过滤和预处理，把有价值的数据传输到云端，从而节省资源。例如，安全摄像机不需要发送空走廊的视频数据。网关可以预处理和过滤由传感器/设备生成的数据，以减少传输、处理和存储要求。

而对于一些敏感数据，如通信密钥、日志及一些控制实际传感网络的指令，则需要被安全地存储，在需要时可以被安全地存取，以防被恶意窃取。这些数据如果全部在传感器/设备节点部署，会大幅增加设备节点端的成本。网关可以通过统一部署的安全处理器、安全软/硬件设计，如安全启动、防篡改、防攻击设计、硬件加/解密方式，妥善有效地解决敏感数据存取的安全问题。

4．物联网实时性任务要求问题

物联网中节点数量十分庞大，而且以集群方式存在，可能导致在数据传输时，由于大量机器的数据发送而造成网络拥塞，必然影响信息的可用性和有效性。

对于状态控制，如汽车领域、医疗领域等的物联网应用，实时性要求至关重要。传感器/设备无法将数据传输到云端，并在采取行动之前等待获得响应。网关可以通过在网关本身（而不是在云端）执行处理，以减少关键应用程序的延时。

物联网网关是物联网的基础设施，承载着数据通信、数据存储、安全防护、协议转换等功能，安全物联网网关一般具备以下能力和特征：

（1）提供与云端业务平台连接的连接能力。

（2）提供传感器/设备节点的互联互通能力。

（3）提供数据预处理能力。

（4）提供本地计算，决策制定，支持与传统系统轻松互联及保证数据的时效性。

（5）提供数据安全通信和存储能力。

（6）提供硬件信任根、数据加密和软件锁定能力，以保障安全。

■ 4.1.2 安全物联网网关与传统网关的区别

网关是一种充当转换重任的计算机系统或设备。在不同的通信协议、数据格式或语言，甚至体系结构完全不同的两种系统之间，网关是一个翻译器。网桥只是简单地传达信息，与它不同，网关要对收到的信息重新打包，以适应目的系统的需求。同时，网关也可以提供过滤和安全功能。

相比互联网时代，物联网的通信协议更加多样，物的碎片化非常严重，网关的重要性也就由此凸显。物联网网关能够把不同的物收集到的信息整合起来，并且把它传输到下一层次，因而信息才能在各部分之间相互传输。物联网网关可以实现感知网络与通信网络，以及不同类型感知网络之间的协议转换；既可以实现广域互联，也可以实现局域互联。

1. 多标准互通接入能力

常见的传感网技术包括 ZigBee、Thread、IETF6IowPAN 和 Wibree 等。各类技术主要针对某类应用展开，互相之间缺乏兼容性和体系规划。如 ZigBee主要应用于无线智能家庭网络，Wibree 主要集中在工业监控领域。现在国内外已经展开针对物联网网关的标准化工作，如 3GPP、传感器工作组，实现各种通信技术标准的互联互通。

2. 网关的可管理性

物联网网关作为与网络相联的网元，其本身要具备一定的管理功能，包括注册登录管理、权限管理、任务管理、数据管理、故障管理、状态监测、远程诊断、参数查询和配置、事件处理、远程控制、远程升级等。如需要实现全网可管理，不仅要实现网关设备本身的管理，还要进一步通过网关实现对子网内各节点的管理，如获取节点的标志、状态、属性等信息，以及远程唤醒、控制、诊断、升级维护等。根据子网的技术标准不同、协议的复杂性不同，能进行的管理内容也有较大差异。

3. 协议转换能力

从不同的感知网络到接入网络的协议转换，将下层标准格式的数据统一封装，保证不同感知网络的协议能够变成统一的数据和信令；将上层下发的数据包解析成感知层协议可以识别的信令和控制指令。

4.2　安全物联网网关构建

物联网运营的关键技术是终端接入和平台服务。终端是直接与用户接触的使用界面，而平台则是承载服务的核心系统。物联网终端的安全架构和物联网平台的安全服务是物联网涉及网络部分可运用、可管理的两个关键技术。

物联网终端包括物联网网关、通信模块、智能终端/传感器等；从终端接入的角度来看，物联网网关、通信模块和智能终端/传感器是技术发展的重点和热点。

（1）物联网网关。它是连接传感网与通信网络的关键设备，其主要功能有数据汇聚、数据传输、协议适配、节点管理等。在物联网环境下，物联网网关是一个标准的网元设备，它一方面汇聚各种采用不同技术的异构传感网，将传感网的数据通过通信网络远程传输；另一方面，物联网网关与远程运营平台对接，为用户提供可管理、有保障的服务。

（2）通信模块。它是安装在终端内的独立组件，用来进行信息的远距离传输，是终端进行数据通信的独立功能块。通信模块是物联网应用终端的基础。物联网的行业终端种类繁多，体积、处理能力、对外接口等各不相同，通信模块将成为物联网智能服务通道的统一承载体，嵌入各种行业终端，为各行各业提供物联网的智能通道服务。

（3）智能终端/传感器。它满足了物联网的各类智能化应用需求，是具备一定数据处理能力的终端节点，除数据采集外，还具有一定运算、处理与执行能力。智能终端与应用需求紧密相关，如在电梯监控领域应用的智能监控终端，除具备电梯运行参数采集功能外，还具备实时分析预警功能，智能监控终端能在电梯运行过程中对电梯状况进行实时分析，在电梯故障发生前将警报信息发送到远程管理员手中，起到远程智能管理的作用。

一个理想的物联网应用体系架构，应有一套共性能力平台，共同为各行各业提供通用的服务能力，如数据集中管理、通信管理、基本能力调用（如定位等）、业务流程定制、设备维护服务等，这些能力平台包括 M2M 平台和云服务平台等。

（1）M2M 平台。它是提供对终端进行管理和监控，并为行业应用系统提供行业应用数据转发等功能的中间平台。该平台将实现终端接入控制、终端监测控制、终端私有协议适配、行业应用系统接入、行业应用私有协议适配、行业应用数据转发、应用生成环境、应用运行环境、业务运营管理等功能。M2M 平台是为机器对机器通信提供智能管道的运营平台，能够控制终端合理使用网络，监控终端流量和分布预警，提供辅助快速定位故障，提供方便的终端远程维护操作工具。

（2）云服务平台。以云计算技术为基础，搭建物联网云服务平台，为各种不同的物联网应用提供统一的服务交付平台，提供海量的计算和存储资源，提供统一的数据存储格式和数据处理及分析手段，大大简化应用的交付过程，降低交付成本。随着云计算与物联网的融合，将会使物联网呈现出多样化的数据采集端、无处不在的传输网络、智能的后台处理等特征。

本章将着重介绍基于安全运用处理器的安全物联网网关软/硬件实现，以及通过简单云端服务管理远程设备。

4.2.1 安全物联网网关硬件构建

本书介绍的基于 i.MX6UL 处理器的物联网（IoT）网关参考设计是一个小规模的专用硬件平台，配备了多种高速连接和低速串行接口，旨在为在家庭、企业或其他商业地点的终端用户提供安全交付的物联网服务。i.MX6UL-IoT 网关参考设计支持全面的安全级别，其中包括安全启动、信任架构、篡改检测和总线加密，均可用于待机模式和活跃模式。这些特性集合起来，可从制造开始到部署全程持续保护客户设计免受恶意攻击，确保最终产品具有高级别的安全性和可靠性。

1．i.MX6UL-IoT 模块化网关

1）i.MX6UL-IoT 模块化网关概述

基于 i.MX6UL 的模块化物联网网关参考设计支持大型节点网络（LNN），具有预集成的测试和射频认证，适用于各种无线通信协议，包括 Thread、ZigBee 和 Wi-Fi。借助这些功能，开发人员可以根据此解决方案轻松构建网关，使用他们所选的无线协议在 LNN 配置中实现端到端无线通信，同时支持云选件。

智能商业大厦和智能工业环境的运营商部署了大规模网状网，这就需要能够调试、控制和监视成千上万个终端节点。模块化 IoT 网关设计基于开源 Linux 平台，采用最新的 i.MX 安全应用处理器，通过 Wi-Fi 或以太网将基于 Thread 和 ZigBee 的终端节点设备与云安全地连接，诸多调试和丰富的软件满足了这一需求。此外，即使云连接不可用，本地智能也能够进行时间关键型的响应和操作，从而提供对实时任务的支持，降低因网络延迟造成的影响。

2）i.MX6UL-IoT 模块化网关特性

（1）基于 i.MX6UL 安全处理器的 SoM（System on Module）。

（2）整合 Thread、ZigBee 实现稳定耐用且安全的大型节点网络连接。

（3）整合 Wi-Fi/BT/BLE 无线连接组网功能。

（4）整合 NFC 读卡器。

（5）提供以太网和 Wi-Fi 等连接选件与云连接。

3）i.MX6UL-IoT 模块化网关硬件系统设计

i.MX6UL-IoT 模块化网关硬件系统采用模块化设计，模块化设计方法在各个领域得到广泛应用，其竞争优势主要有 3 点：一是解决品种、规格的多样化与生产的专业化矛盾；二是为发展先进制造技术、提高设备利用率创造

必要的条件，实现以不同批量提供顾客满意度的产品，进而使企业实现产品多样化和效益的统一；三是方便模块升级，以灵活适应市场需求和产品更新。

i.MX6UL-IoT 模块外网关设计分为 CPU 计算平台、无线连接模块等，其中 CPU 计算平台采用 SoM 设计方式，图 4-2 所示为 i.MX6UL-IoT 模块化网关硬件系统。

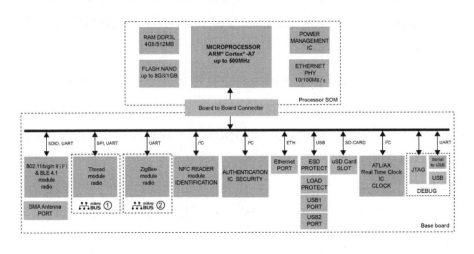

图 4-2　i.MX6UL-IoT 模块化网关硬件系统

i.MX6UL-IoT 网关及内部结构如图 4-3 所示。

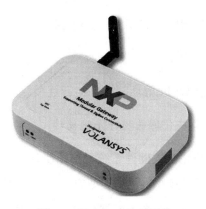

图 4-3　i.MX6UL-IoT 网关

2．i.MX6UL SoM 系统方案

i.MX6UL SoM 是一个高度集成的片上系统方案，集成了 i.MX6UL 高性能计算平台、快速的 DDR3/DDR3L 内存系统、eMMC/SDcard/NAND/QSPI NAND 等多种存储系统、高速 USB/以太网接口/SDIO 无线通信接口、低速 UART/I^{2}C/SPI 等丰富的连接外设通信接口，以及对上述功能支撑的电源系统。

1）i.MX6UL SoM 系统

i.MX6UL SoM 系统设计如图 4-4 所示。

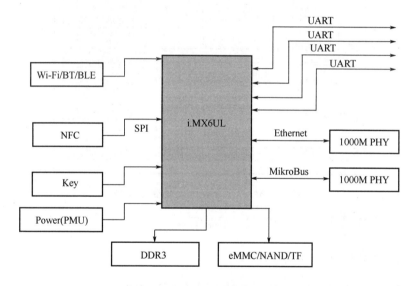

图 4-4　i.MX6UL SoM 硬件设计

i.MX6UL-2 安全处理器内部系统如图 4-5 所示。

主要特性如下：

（1）40nm 工艺。

（2）289 引脚 MAPBGA（14×14，0.8mm pitch），289MAPBGA（9×0.5mm pitch）。

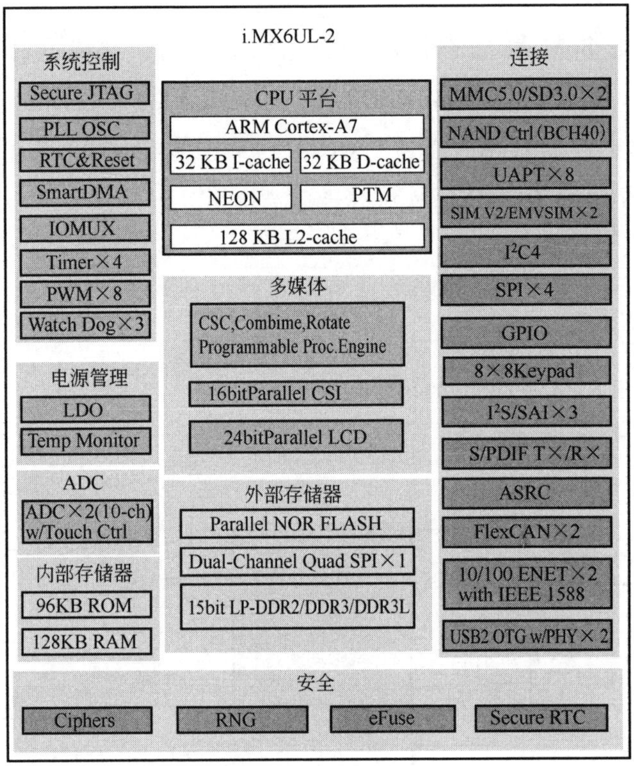

图 4-5　i.MX6UL-2 安全处理器内部系统

（3）工作温度：−40～105℃（节温/T_j）。

（4）ARM Cotex-A7 @696MHz。

（5）RGB LCD 接口；集成高性能图像引擎 PXP。

（6）16bit DDR3/DDR3LV；8bit Raw NAND，2×MMC5.0，2×USB OTG，2×100M Ethernet，集成 IEEE1588。

（7）集成数字音频接口 SAI。

（8）集成电源管理单元（PMU）。

（9）集成安全功能、真随机数发生器、加速引擎（AES/TDES/SHA）、安全启动等待。

2）i.MX6UL SoM 电源系统设计

i.MX6UL 系列芯片内部集成有电源管理单元（PMU），以有利于控制复杂芯片所规定的上电时序要求，同时也降低对外部供电的复杂性，以提供系统稳定性，同时也降低硬件成本。基于 i.MX6UL 的电源系统设计可以使用专用的 PMIC，也可以用 DCDC 搭建，图 4-6 和图 4-7 所示为电源系统设计方案。

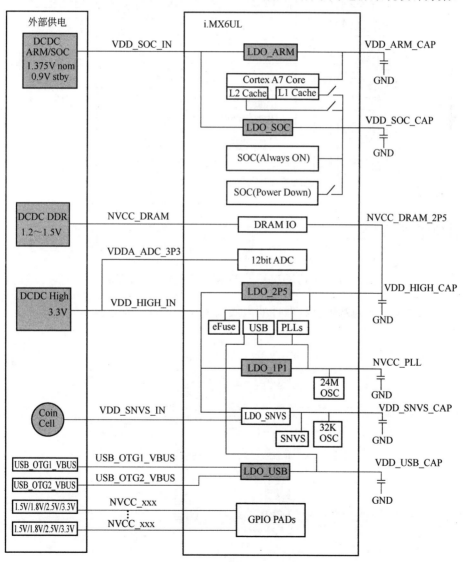

图 4-6　i.MX6UL 基于分离器件电源系统设计方案

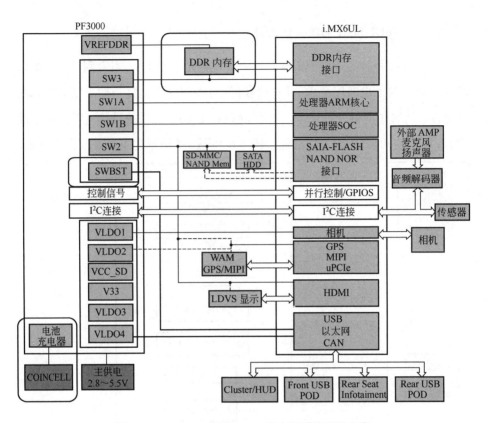

图 4-7 i.MX6UL 基于 PMIC 的电源系统设计方案

图 4-8 所示为基于分离器件的电源系统参考设计方案示意。

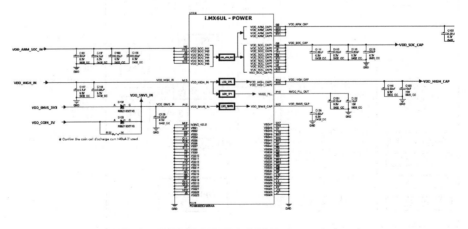

图 4-8 基于分离器件的电源系统参考设计方案示意

电源系统设计主要满足以下几个要求：

（1）满足 i.MX6UL 上电时序要求，i.MX6UL 对上电时序的基本要求是 VDD_SNVS_IN 要先上电，然后其他电源才能向 i.MX6UL 供电；另外 VDD_HIGH_IN 要在 VDD_SOC_IN 之前上电。

（2）如果使用外部 POR_B 信号，则要保证所有电源域都上电并保持稳定后才能释放。

（3）针对 i.MX6UL 的各个电源域，要确保外部供电模块有足够的负载能力，以免达不到 i.MX6UL 的最大负载能力，导致电压下降而造成系统挂机或者死机等问题。i.MX6UL 各电源域最大负载能力要求如图 4-9 所示。

电源域	条件要求	最大负载	单位
VDD_SOC_IN	528MHz ARM Clock based on Dhrystone test	500	mA
VDD_HIGH_IN	—	125[1]	mA
VDD_SNVS_IN	—	500[2]	μA
USB_OTG1_VBUS USB_OTG2_VBUS	—	50[3]	mA
VDDA_ADC_3P3	100Ωmaximum Loading for Touch Panel	35	mA
主接口 (IO) 供电			
NVCC_DRAM	—	(See[4])	—
NVCC_DRAM_2P5	—	50	mA
NVCC_GRIO	N=16	Use maximum IO equation[5]	
NVCC_UART	N=16	Use maximum IO equation[5]	
NVCC_ENET	N=16	Use maximum IO equation[5]	
NVCC_LCD	N=29	Use maximum IO equation[5]	
NVCC_NAND	N=17	Use maximum IO equation[5]	
NVCC_SDI	N=6	Use maximum IO equation[5]	
NVCC_CSI	N=12	Use maximum IO equation[5]	

图 4-9　i.MX6UL 各电源域最大负载能力要求表图

3）i.MX6UL SoM 存储系统设计

（1）DDR 内存设计。

i.MX6UL 内存控制 MMDC（Multi-mode DDR Controller）支持 LP-DDR2、

DDR3/DDR3LV。MMDC 内部结构如图 4-10 所示。

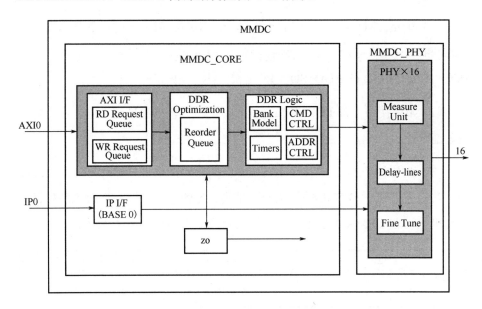

图 4-10　MMDC 内部结构

i.MX6UL 的 MMDC 支持最大工作频率为 400MHz，所以虽然选择的 DDR3 可以工作在 800MHz（DDR3-1600）频率上，但在选择 DDR3 时序参考时，需要使用 DDR3-1600 的时间参数（单位为 ns），而不是时钟周期参数（Clock），因为时钟周期是按照 800MHz 计算的，这是不准确的。

另外，关于阻抗与端接设备，需要与 PCB 实际设计一致，默认使用参数如下：

DRAM DSE Setting-DQ/DQM(ohm)=48

DRAM DSE Setting-ADDR/CMD/CTL(ohm)=48

DRAM DSE Setting-CK(ohm)=48

DRAM DSE Setting-DQS(ohm)=48

System ODT Setting(ohm)=60

a．DDR 参数设置。

MMDC 在上电后需要对外部 DDR3/DDR3LV 进行初始化，然后才能把程序加载到 DDR 上运行，DDR 参数设置部分主要分为 i.MX6UL 内存控制 MMDC 参数设置及对外部 DDR 芯片参数配置，这个初始化参数需要根据使用 DDR 内存规格说明书中的参数进行相应计算，DDR3 相关参数配置比较复杂，i.MX6UL 开发包里提供了一个 Excel 工具来简化这个过程。DDR 参数生成工具是 MX6UL DDR3 Script Aid.xlsx Excel，下载链接地址：https://community. freescale. com/docs/DOC-94917。

使用这个工具需要根据具体选用的 DDR 芯片的规格说明书，填写相应的参数，这个工具就可以自动生成匹配该 DDR 的初始化参数，并由 i.MX6UL 执行初始化。

b．DDR 参数校准和压力测试。

DDR 参数设置好后，因为运行在比较高的频率，同时可能受 JDEC 规范、PCB layout 的影响及电路信号干扰等，需要对配置好的 DDR 参数在电路板进行校准并进行压力测试，以提高系统稳定性和性能。这部分 i.MX6UL 开发包也提供了相应工具来辅助 DDR 参数的校准并做压力测试，最终会输出一个适合的在电路板运行匹配的最佳参数，把这套参数填进量产时的软件就可以制作相应的镜像。这套工具通过 USB（otg）连接目标电路板和计算机，运行后将自动校准目标板上的 DDR，这套工具也可以在 NXP 官网下载，下载链接地址：https://community.freescale.com/docs/DOC-96412。

c．DDR 参数配置校准和压力测试示例。

本书以 DDR3 MT41K128M16JT 为例，演示如何使用这两个工具对目标板进行 DDR 参数配置，并进行校准和压力测试，整个过程分为 3 步。

● 根据 DDR3 数据手册、JEDEC DDR3 规范，使用最新的 DDR3 Script Aid V0.10.xlsx 工具，生成 DDR3 的初始化脚本。

- 运行 DDR 压力测试工具来获得自动校准的值（不同的拓扑结构，需要校准的值可能不同）。

- 将校准后的值填到 DDR3 初始化脚本中，进行 DDR3 的压力测试。

① 使用 DDR3 辅助工具生成初始化脚本。

首先从 DDR3 MT41K128M16JT 规格说明书得到如下参数：

Memory type of -125 number is:DDR3-1600

DRAM density(GB)=128M×16=2Gb

DRAM Bus Width=16bit

Number of Banks=8

Number of ROW Addresses=14 A[13:0]

Number of COLUMN=10 A[9:0]

Page Size(K)=2

tRCD=tRP=CL(ns)=13.75

tRC Min(ns)=48.75

tRAS Min(ns)=35

针对 i.MX6UL 的 MMDC 配置如下：

Bus Width=16(i.MX6UL 支持 16bit)

Number of Chip Selects used=1(SoM 一个 CS0 连接 DDR3)

DRAM Clock Freq(MHz)=400(i.MX6UL 工作在 400MHz)

DRAM Clock Cycle Time(ns)=2.5(i.MX6DL/S=1/400MHz=2.5ns)

关于阻抗与端接设备，需要与 PCB 实际设计一致，默认参数如下：

DRAM DSE Setting-DQ/DQM(ohm)=48

DRAM DSE Setting-ADDR/CMD/CTL(ohm)=48

DRAM DSE Setting-CK(ohm)=48

DRAM DSE Setting-DQS(ohm)=48

System ODT Setting(ohm)=60

在获得所需的与 DDR3 相关的所有参数后，就可以填到 DDR3 Script Aid 表的 Register Configuration 页中。DDR 参数配置如表 4-1 所示。

表 4-1　DDR 参数配置

Device Information	
Manufacturer	Micron
Memory part number	MT41K128M16JT-125
Memory type	DDR3-1600
DRAM density/GB	2
DRAM Bus Width	16
Number of Banks	8
Number of ROW Addresses	14
Number of COLUMN Addresses	10
Page Size/K	2
Self-Refresh Temperature（SRT）	Normal
tRCD=tRP=CL/ns	3.75
tRC Min/ns	48.75
tRAS Min/ns	35
System Information	
i.Mx Part	i.Mx6UL
Bus Width	16
Density per chip select/GB	8
Number of Chip Selects used	1
Total DRAM Density（GB）	8
DRAM Clock Freq（MHz）	400

续表

System Information	
DRAM Clock Cycle Time（ns）	2.5
Address Mirror（for CS1）	Disable
SI Configuration	
DRAM DSE Setting - DQ/DQM（ohm）	48
DRAM DSE Setting - ADDR/CMD/CTL（ohm）	48
DRAM DSE Setting - CK（ohm）	48
DRAM DSE Setting - DQS（ohm）	48
System ODT Setting（ohm）	60

填写完上述参数后，单击 Scripts 的 RealView.inc 表格，就能得到该 DDR 配置的参数代码，代码片段如下：

```
//==============================================================
// Disable    WDOG
//==============================================================
// setmem /16    0x020bc000 =    0x30 //注掉此项，DCD 不可以访问此地址
```

注释以下校准值，使用寄存器默认的值，如果第一次跑 DDR3 校准，也可以不注释掉，DDR3 校准时会自动更新相关校准值。

```
// For target board,may need to run write leveling calibration to fine tune these settings.
        //setmem /32  0x021b080c=    0x00000000
        //setmem /32  0x021b0810=    0x00000000
        //setmem /32  0x021b480c=    0x00000000
        //setmem /32  0x021b4810=    0x00000000

        ////Read DQS Gating calibration
        //setmem /32  0x021b083c =    0x00000000        // MPDGCTRL0 PHY0
        //setmem /32  0x021b0840 =    0x00000000        // MPDGCTRL1 PHY0
        //setmem /32  0x021b483c =    0x00000000        // MPDGCTRL0 PHY1
        //setmem /32  0x021b4840 =    0x00000000        // MPDGCTRL1 PHY1

        //Read calibration
        //setmem /32  0x021b0848 =    0x40404040        // MPRDDLCTL PHY0
        //setmem /32  0x021b4848 =    0x40404040        // MPRDDLCTL PHY1
```

//Write calibration

//setmem /32　0x021b0850 =　　0x40404040　　　// MPWRDLCTL PHY0

//setmem /32　0x021b4850 =　　0x40404040　　　// MPWRDLCTL PHY1

② 使用 DDR3 压力测试工具校准参数并运行压力测试。

这部分分为两步：第 1 步是 DDR 参数校准，第 2 步是使用校准后的参数进行压力测试，如果压力测试不能通过，则重复第 1 步和第 2 步。

首先使用 USB 线连接 PC 与目标板，然后把目标板的启动模式设置成下载模式，使板子上电后芯片进入下载模式。

然后打开 DDR Stress Test Tool，按照提示，加载相应的 DDR3 初始化脚本，设置相应的工作频率等参数，然后该工具会输出校准后的 DDR3 参数。程序运行截图如图 4-11 和图 4-12 所示。

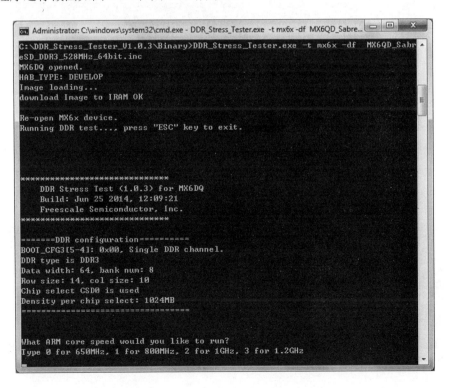

图 4-11　运行 DDR Stress Test 程序界面

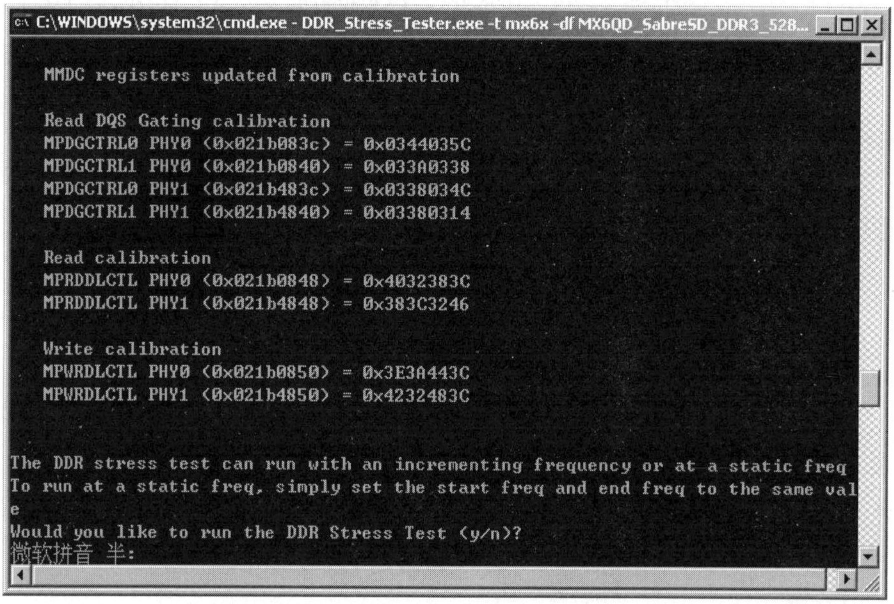

图 4-12　运行 DDR stress test 校准后的输出结果

　　校准完成后，根据输出的结果，把这些校准后的数值更新到 DDR3 的初始化脚本，然后运行压力测试，一般需要预留一些余量，如最终 DDR3 运行的标准频率为 400MHz，压力测试则要覆盖标准频率的 1.1～1.15 倍，即压力测试应该在 460MHz 运行稳定。DDR3 压力测试程序进行压力测试时程序的截图如图 4-13 和图 4-14 所示。

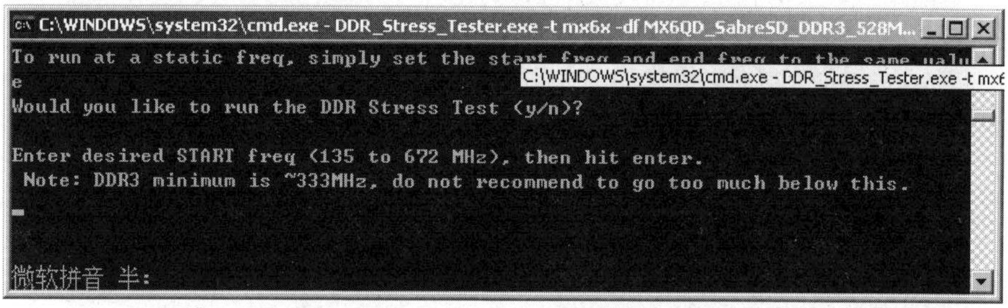

图 4-13　运行 DDR Stress Test

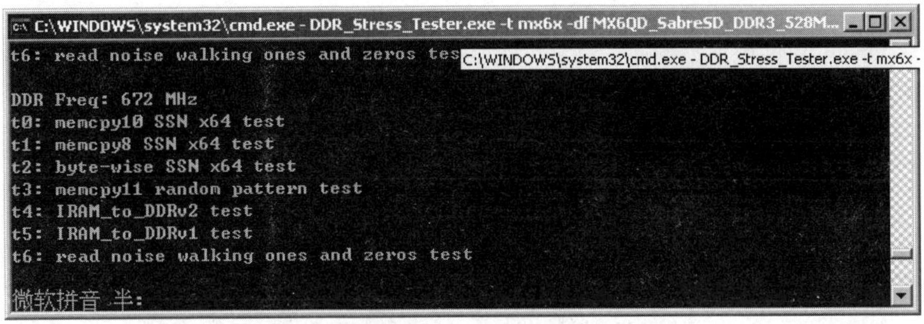

图 4-14　运行 DDR Stress Test 压力测试输出

（2）i.MX6UL 存储系统设计。

i.MX6UL 支持从 Raw NAND，eMMC，SPI NORFLASH，EIM NOR FLASH 及 QSPI NOR FLASH 等外设存储设备启动，芯片内部高度集成各个外设存储设备的控制，最大程度上降低了使用外部存储系统的设计难度。i.MX6UL 集成 GPMI RAW NAND 控制器及最高支持纠正 40bit ECC 校验引擎 BCH，同时自带 DMA 引擎，提高数据读写性能的同时也减少对 CPU 资源的占用率。i.MX6UL 支持 eMMC5.1，控制器自身也集成高性能数据加速器 ADMA，以实现数据存取性能。在 NOR FLASH 方面，除了传统的并口 NOR FLASH、SPI FLASH，还加入 QSPI 支持，并支持 XIP 执行方式、QSPI 的支持，使得 i.MX6UL 可以适应各种数据存储需求，在系统设计时可以根据具体情况，选用以上任何一种或者几种的组合。图 4-15～图 4-17 所示为关于 eMMC、NAND 和 NOR FLASH 的一些参考设计。

4）i.MX6UL SoM 外围连接系统设计

SoM 外围连接主要包含高速设备连接 Ethernet、USB 及低速通信接口（如 UART、I²C）等。这部分与其他平台设计基本一致，设计这些连接时需要注意以下一些细节。

（1）USB 设计注意事项。

① 根据 USB OTG 标准，OTG 连接器上的 VBUS 在板上电前需要默认关闭。推荐使用 i.MX6UL 的 3.3V IO 电压来控制 VBUS 的输入，确保 i.MX6UL

未上电之前，VBUS 不输入到 i.MX6UL 芯片。

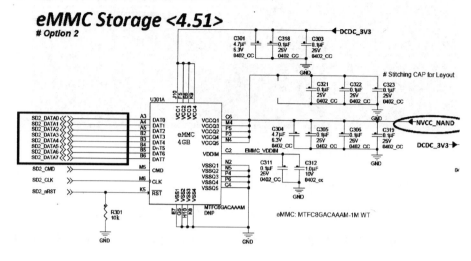

图 4-15　i.MX6UL eMMC 参考设计

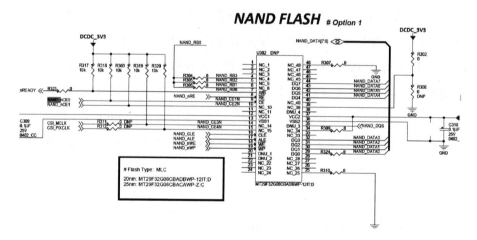

图 4.16　i.MX6UL NAND 参考设计

② USB 内部的 USB LDO 是由 USB_OTG1_VBUS 或者 USB_OTG2_VBUS 来供电的，所以 USB 模块要正常工作，需要确保其中一个正常上电。

③ 确保在 USB 接口上设计合适的 ESD 保护电路。

④ 确保 USB_DP 与 USB_DM 没有接反，接反这两个信号可能会导致需要重新做板。

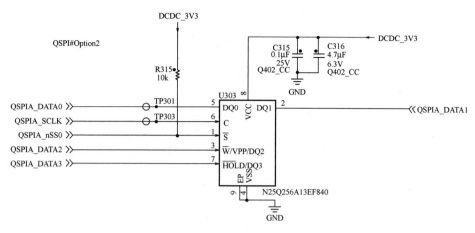

图 4.17　i.MX6UL SPI-NOR FLASH 参考设计

⑤ 当 USB 信号从 i.MX6 芯片到最终的 Device 需要几个连接器时，会严重影响 USB 信号的质量，故需要配合眼图测量调整 USB 的信号。设计中尽量避免经过过多连接器。

（2）I^2C 设计注意事项。

① 根据 JEDEC 标准，I^2C 上拉电阻的范围是 $1\sim10k\Omega$，可以根据外设的负载多少来调整，外设越多，则这个值应该越小，推荐如下：

● 接一个外设的推荐值为 $4.7k\Omega$。

● 两个外设的推荐值为 2.2k。

② 确保整个系统上（底板、核心板等）的 I^2C 信号只有一组上拉。

③ 对于 PMIC，touch 等对 I^2C 操作频率较高的外设，建议不要使用同一 I^2C 总线。PMIC 由于涉及电源控制，建议使用独立的 I^2C 总线。

（3）UART 设计注意事项。

i.MX6UL 的 UART 有 DTE 和 DCE 两种不同的工作模式，其信号连接方法是不一样的，需要根据连接外设的需求选用合适的 UART 工作模式。图 4-18 和图 4-19 所示为 DTE 和 DCE 工作模式信号方式。

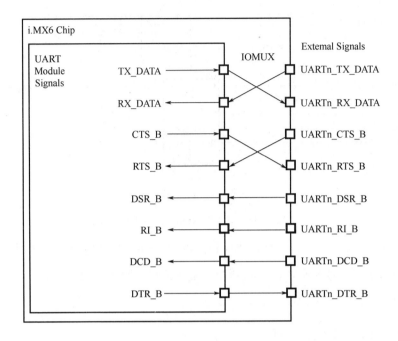

图 4-18　DTE 工作模式信号连接

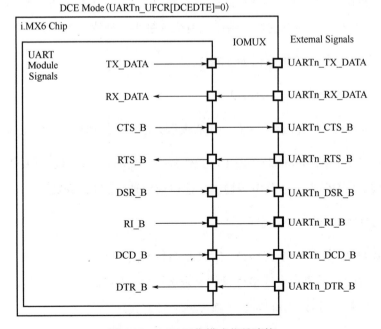

图 4-19　DCE 工作模式信号连接

5）i.MX6UL IoT 网关无线接入与 NFC Reader 设计

i.MX6UL IoT 网关采用统一标准接口 MikroBus 与 Thread 和 ZigBee 模块连接，方便扩展与配置，NFC 模块也采用模块化设计，以便于扩展和升级。图 4-20 所示为 i.MX6UL 网关端 Thread/ ZigBee 模块化设计，其中 KW2xD 和 KW41Z 运行 Thread，JN5169 和 JN5179 运行 ZigBee。其设计与物联网节点端设计基本一致。

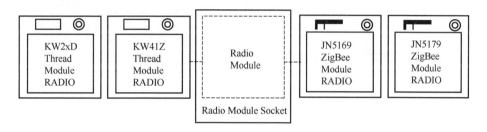

图 4-20　i.MX6UL 网关端 Thread/ ZigBee 模块化设计

4.2.2　安全物联网网关软件构建

1．i.MX6UL IoT 模块化网关软件系统

i.MX6UL IoT 模块化网关软件基于开源 Linux 系统设计，同时基于 i.MX6UL 处理器安全功能实现网关完全套件、管理套件、远程软件系统升级套件，集成 Thread/ZigBee/协议栈及 NFC Reader 驱动程序。i.MX6UL IoT 网关软件系统如图 4-21 所示。

如图 4-22 所示为 IoT 设备运行。

本书将从开发环境搭建、Linux BSP 移植/开发、安全套件开发、量产工具定制空中软件升级等几个方面介绍如何基于 i.MX6UL 进行终端软件开发。针对云端的软件的开发，主要还是依赖采取的云端架构，此处不再详述。

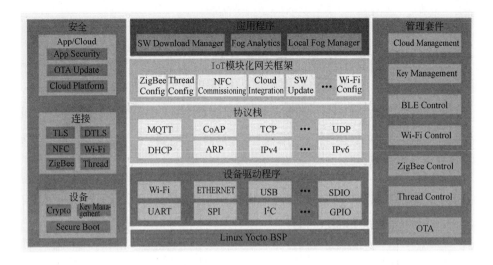

图 4-21　i.MX6UL IoT 网关软件系统

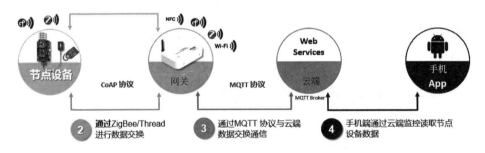

图 4-22　IoT 设备运行

2. Linux BSP 开发与移植

1）搭建开发环境

本书介绍基于基于 4.15 Kernel，其开发环境基于 Yocto。Yocto 可以很方便地对多个项目进行管理、编译及项目部署。

下面以 Ubuntu14.04 为基础，介绍 i.MX6UL Linux 环境搭建。

（1）硬件配置。针对编译不同的镜像，Yocto 对磁盘的要求也不尽相同，至少需要 50GB 以上磁盘空间，一般需要内存 2GB 以上。

（2）软件配置。运行 Yocto 需要依赖第三方软件工具，如 cmake 等；需要安装一些组件，以 Ubuntu14.04 为例，需要安装以下组件：

sudo apt-get install gawk wget git-core diffstat unzip texinfo \ gcc-multilib build-essential chrpath socat libsdl1.2-dev

sudo apt-get install u-boot-tools

（3）设置 repo 工具。Yocto 使用 repo 对多个 git 项目进行管理。

① 在用户 home 目录创建 bin 文件夹，下载 repo。

$ mkdir ~/bin

$ curl http://commondatastorage.googleapis.com/git-repo-downloads/repo > ~/bin/repo

$ chmod a+x ~/bin/repo

② 把 repo 路径添加进环境变量。

export PATH=~/bin:$PATH

2）Yocto Project 设置

下载 Yocto Project BSP，以 4.1.15 Kernel 为例进行设置：

$ mkdir fsl-release-bsp

$ cd fsl-release-bsp

$ repo init -u git://git.freescale.com/imx/fsl-arm-yocto-bsp.git -b imx-4.1-krogoth

$ repo sync

3）Yocto Project 编译

（1）首次编译需要运行脚本配置 Yocto 环境变量。

$ DISTRO= fsl-imx-fb MACHINE=imx6ulevk source fsl-setup-release.sh -b imx6ulevk

$bitbake fsl-image-gui

（2）再次编译则只需要运行以下命令。

 $ source setup-environment <build-dir>

（3）编译安装 SDK。

SDK 将包含交叉编译工具链，需要丰富的中间件，用于运用程序开发。编译 SDK：

```
$bitbake fsl-image-gui -c populate_sdk
```

安装 SDK：

```
$cd tmp/deploy/sdk/
$./poky-glibc-x86_64-fsl-image-gui-cortexa7hf-vfp-neon-toolchain-1.8.sh
```

（4）编译 U-boot。

使用 bitbake 命令编译：

```
bitbake U-boot-imx -c listtasks
bitbake U-boot-imx -c compile -f
```

单独编译：

```
source
/opt/poky/1.8/environment-setup-cortexa7hf-vfp-neon-poky-linux-gnueabi
$cd u-boot-imx/2015.04--r0/git
make imx6ul_14X14_evk_defconfig
make
```

（5）编译 Linux Kernel。

使用 bitbake 命令编译：

```
bitbake linux-imx -c listtasks
bitbake linux-imx -c compile -f
```

单独编译：

```
Source
```

/opt/poky/1.8/environment-setup-cortexa7hf-vfp-neon-poky-linux-gnueabi

$cd linux-imx/4.1.15-r0/git

make imx_v7_defconfig

make menuconfig

make zImage

make imx6ul-14X14-evk.dtb

3. 基于 i.MX6UL 安全处理器的安全设计

安全启动方式可以保护系统运行合法有效的未被篡改的 Image，这个特性对物联网网关的安全性至关重要，一旦运行的 Image 被恶意篡改利用，将对系统和数据安全造成极大威胁。i.MX6UL 提供完整的安全启动，由 HAB（High Assurance Boot）实现，HAB 工作原理和启动流程参见第 3 章相关内容。本章介绍如何在基于 i.MX6UL 的安全网关上配置使能 HAB，达到保护固件的目的。配置 i.MX6UL 安全启动方式的步骤如下。

1）准备工作

（1）从 www.nxp.com 下载 CST2.3.3 工具，CST（Code Sign Tool）是与 i.MX6UL HAB 配套的签名工具。详细资料请参考 CST 工具包中的说明文档。

（2）CST 工具需要运行在 Linux 环境，所以需要准备一台运行 Linux 发行版本的计算机，并安装 OpenSSL 等开发工具。

2）生成 HAB4 密钥和证书

PKI 密钥及其关系如图 4-23 所示。

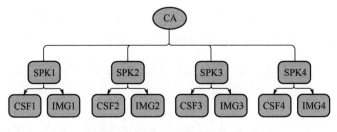

图 4-23　PKI 密钥及其关系

将 CST 解压到 Linux 工作目录，解压后有 6 个文件夹：ca、code、crts、docs、keys、linux。

在 keys 文件夹下创建两个空白文件，并分别命名为 serial 和 key_pass.txt。这个是保护签名的私钥，要妥善保管。在这个例子中，serail 和 key_pass.txt 文件内容如下：

```
$ cat serail
1234567B
$ cat key_pass.txt
freescale_mx6
```

CST 产生密钥对依赖于 OpenSSL 库，检查当前系统 OpenSSL 的版本命令如下。如未安装，请安装对应 Linux 发行版本的包安装方式安装 OpenSSL 开发工具和相应库。

```
$ openssl version
OpenSSL 1.0.1 14 Mar 2012
```

下面关键的一步是运行 PKI 脚本，生成相应证书和密钥。Linux 终端切换路径到 cst tool 的 keys 目录，然后运行 hab4_pki_tree.sh 脚本：

```
$ cd keys
$ ./hab4_pki_tree.sh
    Do you want to use an existing CA key(y/n)?:n
    Enter key length in bits for PKI tree:4096
    Enter PKI tree duration(years):15
    How many Super Root Keys should be generated? 4
```

执行上述脚本将生成一个 CA 证书，使用 4096bit 长度的密钥，15 年有效期，4 组 SRK，生成的所有密钥以 PKCS#8 格式存储，并使用同一个密码保护（key_pass.txt）。生成的 PKI tree 存放在 keys 目录，CA 证书则存放在 cert 目录。

务必确认生成上述密钥时，系统不提示任何错误。如果有错误提示，请根据提示解决相应问题，然后重新生成密钥树。

最后，生成 HAB4 的 SRK tale 及 SRK 的哈希值。SRK table 是一组公钥，使用 SRKtool 可以生成所需要的 SRK table。对应 Hash table，这个 Hash table 就是最后烧录到目标板子（芯片）上的数值；对应 i.MX6UL 芯片，就是烧写到 SRK 对应的 eFUSE 位。生成 SRK table 和 Hash table 的对应命令如下：

```
$ cd ../crts
$ ../linux/srktool -h 4 -t SRK_1_2_3_4_table.bin -e SRK_1_2_3_4_fuse.bin -d
sha256 -c SRK1_sha256_4096_65537_v3_ca_crt.pem,
        SRK2_sha256_4096_65537_v3_ca_crt. pem,
        SRK3_sha256_4096_65537_v3_ca_crt.pem,
        SRK4_sha256_4096_65537_v3_ca_crt.pem
```

SRK_1_2_3_4_table.bin 是生成 SRK table 的文件，SRK_1_2_3_4_fuse.bin 是生成的 SRK table 对应的 eFuse table，SRK_1_2_3_4_table.bin 和 SRK_1_2_3_4_fuse.bin 存放在 crts 文件夹。

3）U-boot 修改支持安全启动

i.MX6UL U-boot 可以灵活配置是否启用 HAB，如果配置启用 HAB，U-boot 就会把 HAB 相应功能编译进镜像，并对生成的镜像做对齐处理。启用 HAB，需要在对应的板级配置头文件中添加如下宏：

#define CONFIG_SECURE_BOOT

修改完成后重新编译 U-boot。

4）修改 MFGtool Kernel 支持 Fuse 烧写

```
diff --git a/arch/arm/configs/imx_v7_mfg_defconfig b/arch/arm/configs/imx_v7_mfg_defconfig
        --- a/arch/arm/configs/imx_v7_mfg_defconfig
        +++ b/arch/arm/configs/imx_v7_mfg_defconfig
        @@ -151,6 +151,7 @@ CONFIG_SERIAL_IMX_CONSOLE=y
        CONFIG_SERIAL_FSL_LPUART=y
        CONFIG_SERIAL_FSL_LPUART_CONSOLE=y
```

```
CONFIG_HW_RANDOM=y
+CONFIG_FSL_OTP=y
# CONFIG_I²C_COMPAT is not set
CONFIG_I²C_CHARDEV=y
# CONFIG_I²C_HELPER_AUTO is not set
```

修改完成要重新编译 Kernel，并替换 MFGtool 对应的 zImage。

5）对 U-boot 进行签名

在 CST 目录下创建一个空目录，并命名为 U-boot，然后把 U-boot.imx 复制到新建的 U-boot 目录，按照以下步骤对这个 U-boot Image 进行数字签名。

```
$ cd U-boot
$ od -x -N 48 U-boot.imx
0000000 00d1 4020 0000 8780 0000 0000 f42c 877f
0000020 f420 877f f400 877f 8000 8785 0000 0000
0000040 f000 877f d000 0005 0000 0000 01d2 40f0
```

上面 dump 出来的是 IVT 头，对应信息如下：

偏移	变量名	数值
0	ivt.header	0x402000d1
4	ivt.entry	0x87800000
8	ivt.reserved1	0x00000000
12	ivt.dcd_ptr	0x877ff42c
16	ivt.boot_data_ptr	0x877ff420
20	ivt.self	0x877ff400
24	ivt.csf	0x87858000
28	ivt.reserved2	0x00000000
32	boot_data.start	0x877ff000
36	boot_data.size	0x5d000

根据上述信息，对 U-boot 镜像进行签名，其中 csf_u-boot 是签名描述文件，只需要根据上面信息填写即可。

示例如下：

```
#Illustrative Command Sequence File Description
[Header]
Version = 4.1
Hash Algorithm = sha256
Engine = ANY
Engine Configuration = 0
Certificate Format = X509
Signature Format = CMS
[Install SRK]
File = "../crts/SRK_1_2_3_4_table.bin"
Source index = 0 # Index of the key location in the SRK table to be installed
[Install CSFK]
# Key used to authenticate the CSF data
File = "../crts/CSF1_1_sha256_2048_65537_v3_usr_crt.pem"
[Authenticate CSF]
[Install Key]
# Key slot index used to authenticate the key to be installed
Verification index = 0
# Target key slot in HAB key store where key will be installed
Target Index = 2
# Key to install
File= "../crts/IMG1_1_sha256_2048_65537_v3_usr_crt.pem"
[Authenticate Data]
# Key slot index used to authenticate the image data
Verification index = 2
# Address Offset Length Data File Path
Blocks = 0x877fb000 0x000 0x48000 "/home/user/path_to_u-boot_dir/u-boot.imx"

$ ../linux64/cst -o csf_u-boot.bin < csf_u-boot.txt
$ cat u-boot.imx csf_u-boot.bin > u-boot-signed.bin
$ objcopy -I binary -O binary --pad-to 0x5d000 --gap-fill=0xff u-boot-signed.bin
u-boot-signed-pad.bin
```

这样，对 U-boot 镜像的签名就完成了。

6）MFGtool 支持 secure boot

MFGtool 是负责把镜像烧录到启动盘上的工具，因为 MFGtool 也是从 U-boot 启动的，所以一旦芯片采用安全启动，那么 MFGtool 的 U-boot 也需要签名，与前面正常启动的 U-boot 镜像相同，dump 出 MFGtool 使用的 U-boot 镜像，然后根据 dump 结果修改 csf 文件，对 MFGtool 的 U-boot 进行签名。

```
The [Authenticate Data] field of csf file is
    [Authenticate Data]
    Verification index = 0
    Blocks = 0x877ff400 0x000 0x58C00 "u-boot.imx",\
            0x00910000 0x2C 0x1F0 "u-boot.imx"
```

0x2C 是 DCD 表的指针，0x1F0 是 DCD 表的长度。在 DCD 配置文件 u-boot-imx/board/freescale/mx6ul_14x14_evk/imximage.cfg 中，有 61 行 DCD 配置，所以其长度是 $61 \times 8 + 4 + 4 = 0x1F0$。

修改完成后，对其进行签名：

```
$ ./mod_4_mfgtool_yocto.sh clear_dcd_addr u-boot.imx
$ ../linux64/cst -o csf_u-boot_mfg.bin < csf_u-boot_mfg.txt
$ ./mod_4_mfgtool_yocto.sh set_dcd_addr u-boot.imx
$ cat u-boot.imx csf_u-boot_mfg.bin > u-boot-signed-mfg.bin
```

签名后生成的文件就是 u-boot-signed-mfg.bin。

把签好名的 U-boot 替换 MFGtool 使用的 U-boot，然后连接板子，运行 MFGtool，测试签名后的 U-boot 是否能成功启动。

7）烧写 SRK eFuse

SRK_1_2_3_4_fuse.bin 内容如下：

```
$ od -t x4    ../crts/SRK_1_2_3_4_fuse.bin
```

```
0000000 5eadf50f 01d58e64 d651af1b ea67d65d
0000020 73e682b0 246cc832 3c91b8c4 fb5fbba6
```

烧写 SRK eFuse 可以在 U-boot 环境下，根据 fuse prog 命令提示进行，这个对操作要求比较高，因为 fuse 一旦烧写就不能改变。另外也可以通过 MFGtool 直接烧写，这个对操作要求相对较低，只要检查烧入的值正确，就可以保证烧写不出问题。以下介绍基于 MFGtool 的 SRK Hash Fuse 烧写。在 MFGtool 的 ucl.xml 文件中添加以下内容，以支持 SRK Hash Fuse 烧写：

```
<!-- program SRK_Hash Fuse -->
<CMD state="Updater" type="push" body="$ echo 0x5eadf50f >
/sys/fsl_otp/HW_ OCOTP_SRK0">Program SRK0 </CMD>
<CMD state="Updater" type="push" body="$ echo 0x01d58e64 >
/sys/fsl_otp/HW_ OCOTP_SRK1">Program SRK1 </CMD>
<CMD state="Updater" type="push" body="$ echo 0xd651af1b >
/sys/fsl_otp/HW_ OCOTP_SRK2">Program SRK2 </CMD>
<CMD state="Updater" type="push" body="$ echo 0xea67d65d >
/sys/fsl_otp/HW_ OCOTP_SRK3">Program SRK3 </CMD>
<CMD state="Updater" type="push" body="$ echo 0x73e682b0 >
/sys/fsl_otp/HW_ OCOTP_SRK4">Program SRK4 </CMD>
<CMD state="Updater" type="push" body="$ echo 0x246cc832 >
/sys/fsl_otp/HW_ OCOTP_SRK5">Program SRK5 </CMD>
<CMD state="Updater" type="push" body="$ echo 0x3c91b8c4 >
/sys/fsl_otp/HW_ OCOTP_SRK6">Program SRK6 </CMD>
<CMD state="Updater" type="push" body="$ echo 0xfb5fbba6 >
/sys/fsl_otp/HW_ OCOTP_SRK7">Program SRK7 </CMD>
```

8）验证

```
=> hab_status
```

　　If see "No HAB Events Found"，the signature is verified successfully.

9）使能芯片安全启动

经过 HAB status 验证后，就可以把芯片安全启动模式完全打开，打开后将不会再提示任何信息。如果烧录了一个非法签名的镜像，将不会再启动。

打开芯片安全启动指令如下：

```
$ echo 0x2 > /sys/fsl_otp/HW_OCOTP_CFG5
```

4. 使用 i.MX6UL 安全模块实现 OpenSSL 加速

i.MX6UL 集成了硬件加/解密引擎，这在网络通信中可以很好地为 OpenSSL 服务，以提高系统性能。这里简单介绍如何使用 i.MX6UL 的 CAAM 实现 OpenSSL 的硬件加/解密。

1）Kernel 改动

把 CAAM 驱动编译进 Kernel，代码如下：

```
$ source
/opt/poky/1.8/environment-setup-cortexa7hf-vfp-neon-poky-linux-gnueabi
$cd linux-imx/4.1.15-r0/git
make imx_v7_defconfig
make menuconfig

Kernel Cryptographic API → Hardware crypto devices → Freescale
CAAM-Multicore driver backend
```

同时勾选以下选项：

```
CONFIG_CRYPTO_HW=y
CONFIG_CRYPTO_DEV_FSL_CAAM=m
CONFIG_CRYPTO_DEV_FSL_CAAM_JR=m
CONFIG_CRYPTO_DEV_FSL_CAAM_CRYPTO_API=m
CONFIG_CRYPTO_DEV_FSL_CAAM_AHASH_API=m
CONFIG_CRYPTO_DEV_FSL_CAAM_RNG_API=m
CONFIG_CRYPTO_DEV_FSL_CAAM_RINGSIZE=9
CONFIG_CRYPTO_DEV_FSL_CAAM_INTC=n
CONFIG_CRYPTO_DEV_FSL_CAAM_DEBUG=n

Network support --->
Network option --->
```

```
<*> PF_KEY sockets
<*> IP:AH transformation
<*> IP:ESP transformation
<*> IP:IPComp transformation
<*> IP:IPsec transport mode
<*> IP:IPsec tunnel mode
Cryptographic API --->
<*> User-space interface for hash algorithms


make zImage
make imx6ul-14X14-evk.dtb
```

编译完成后更新 Kernel，启动后执行命令可以查看 CAAM 驱动的相关情况：

```
root@i.MX6UL_EVK:/# cat /proc/crypto
<snip>
name            :sha1
driver          :sha1-caam
module          :caamhash
priority        :3000
refcnt          :1
selftest        :passed
internal        :no
type            :ahash
async           :yes
blocksize       :64
digestsize      :20
<snip>
```

2）交叉编译 crypto_dev、af_alg 或 ocf_linux

Crypto_dev、af_alg 及 ocf_linux 都是运行于用户空间的加/解密库，提供标准的 API 以调用 Kernel 的加/解密引擎，网上有很多资源对这些 API 研究介绍，这里就不再详细展开了。下面介绍 crypto_dev 和 af_alg 结合 CAAM 的运用。

（1）crypto_dev。

```
$wget http://download.gna.org/cryptodev-linux/cryptodev-linux-1.8.tar.gz
$tar xvf cryptodev-linux-1.8.tar.gz
$cd cryptodev-linux-1.8
KERNEL_DIR=$YOUR_KERNEL_DIR/linux_imx make
$make install
```

交叉编译测试程序，以 gateworks 提供的 gw-cryptodev-example 为例：

```
$git clone https://github.com/Gateworks/gateworks-sample-apps.git
$cd gateworks-sample-apps/gw-cryptodev-example
$ make
```

测试代码如下：

```
root@i.MX6UL_EVK：~# ./gw-cryptodev-example
Using cbc-aes-caam driver! Accelerated through SEC4 engine.
Encrypted 'Hello，World!' to '���<�瑛�m��5'
Decrypted '���<�瑛□m��5' to 'Hello，World!'
Test passed!
```

（2）af_alg。下载 af_alg，然后按照 users/common/af_alg - af_alg plugin for OpenSSL 说明交叉编译 af_alg，编译完成后生成的 libaf_alg.so 按照 readme 指令放到目标文件系统，然后创建一个 openssl.cnf 文件，并放在目标文件系统的/usr/lib/ssl/openssl.cnf 目录中，其内容如下：

```
oid_section = new_oids
openssl_conf = openssl_def

[openssl_def]
engines = openssl_engines

[openssl_engines]
af_alg = af_alg_engine

[af_alg_engine]
default_algorithms=ALL
```

CIPHERS=aes-128-cbc

DIGESTS=sha1

测试 openssl + CAAM 代码如下：

```
root@i.MX6UL_EVK:~#openssl speed -elapsed -engine af_alg -evp aes-128-cbc
root@i.MX6UL_EVK:~#openssl speed -elapsed -engine af_alg -evp aes-192-cbc
root@i.MX6UL_EVK:~#openssl speed -elapsed -engine af_alg -evp aes-256-cbc
```

5．空中升级（OTA）

嵌入式系统设计及其软件越来越复杂，安全威胁也时时刻刻存在，所以对运行的设备进行远程更新以保证系统更稳定地运行就变得尤其重要。通过远程更新、可以增删功能、打安全补丁、调整策略等。同时因为更新涉及系统运行，所以远程更新的安全在嵌入式系统，尤其是网关系统设计时就要认真考虑。本书介绍一种开源的 Linux 升级系统——SWupdate，其网址为 https://sbabic.github.io/swupdate/swupdate.html，其中有详细介绍。

具体实现细节本书不做详述，其实现基本原理还是 CS 模型，服务器端和设备端运行的升级程序协同工作，把欲更新的镜像通过安全网络传输到设备上，设备上的升级程序把升级的 Image 写到相应的设备中，并做检测，检测完毕后重启系统，然后启用新的镜像。为安全考虑，一般使用双镜像策略，即升级时只升级其中一个镜像，如果升级成功，就切换到新镜像；如果失败，就回滚到旧镜像，确保系统不会因升级而挂机。双系统及升级流程如图 4.24 所示。

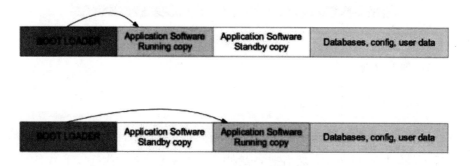

图 4-24　双系统及升级流程

以下介绍如何把 SWupdate 集成到 i.MX6UL 的 Yocto 编译环境，以及如何配置 Swupdate。

1）集成 SWupdate 到 Yocto 编译环境

SWupdate 提供了一个 Yocto 集成包——meta-SWupdate，可以直接复制到 Yocto 的 soure 目录，然后在 Yocto 工作目录的 bblayers.conf 中添加 meta-SWupdate，修改完成后即可运行编译，生成升级包。

```
git clone https://github.com/sbabic/meta-swupdate.git
MACHINE=<your machine> bitbake swupdate-image
```

2）配置 SWupdate

SWupdate 提供与 Kernel 类似的 menconfig 进行配置，只需要在 SWupdate 的工作目录执行 make menuconfig，就可以对 SWupdate 进行配置，如图 4-25 所示。

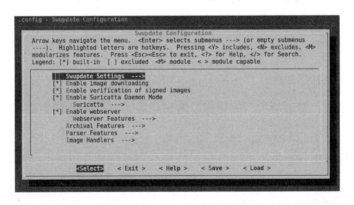

图 4-25　SWupdate 配置界面

3）部署更新

Swupdate 提供多种更新方式。

（1）通过 U 盘更新（本地更新）。U 盘本地更新比较简单，只需要把生成的升级包复制到 U 盘中，然后把 U 盘插入欲更新的设备，执行以下命令就可以进行更新。

```
root@i.MX6UL_EVK:~# swupdate -i <name_of_update>
```

（2）设备端作为服务器远程更新。SWupdate 集成一个 Mongoose 的 webserver，远程机器可以通过访问设备上的 WebServer 进行镜像上传并更新。

在设备端启动 WebServer：

```
root@i.MX6UL_EVK:~#swupdate -k <path_to_pubkey> -w "-document_root /var/www/
swupdate/"
```

在远程计算机的 Web 浏览器上输入设备 IP 地址的 8080 端口，就可以访问设备端的 WebServer，在浏览器上可以上传更新的 Image 并进行远程升级操作，浏览器将返回升级结果，如图 4-26 所示。

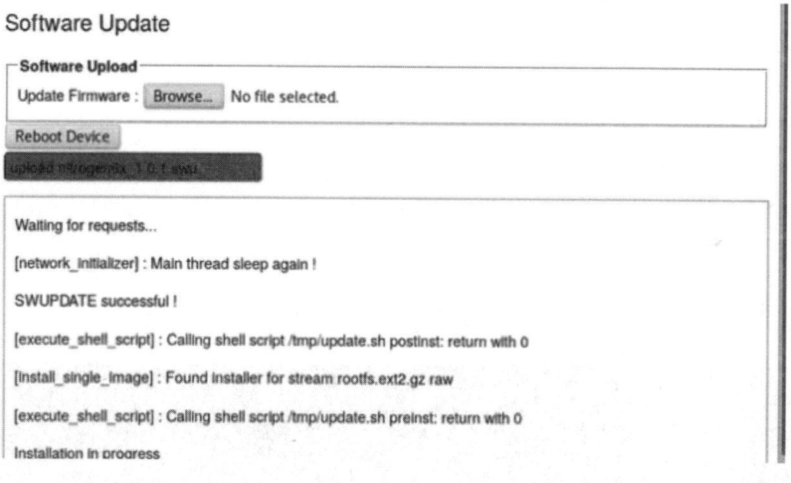

图 4.26　SWupdate 远程升级界面

（3）设备端从远程 HTTP 服务器下载更新。这种更新方式，需要在远程计算机上假设 HTTP 服务器，这方面读者可以根据自身需求进行服务器配置。

在设备端执行以下命令，等待远程 HTTP 服务器升级更新。

```
root@i.MX6UL_EVK:SWupdate -k <path_to_pubkey> -d <url>
```

4.3 安全物联网网关构建过程中的疑难与解析

■ 4.3.1 系统加载 USB 设备时失败问题分析调试

在调试网关过程中，因为需要在 USB 口插入 USB 接口的 modem 及其他设备，所以工作一段时间后系统总是会报 USB 断开错误等。

仔细检查硬件及软件设计，对比规格说明书要求，发现 i.MX6UL-EVK 板的 usb otg 默认为 device 模式，如果在设备树文件中将其改为 OTG 模式，并将 ID 引脚拉低或接地。系统启动之前先将 U 盘插在 USB OTG 接口上，启动后系统会不断打印 USB 连接与断开，代码如下：

```
////修改设备树文件/////
&usbotg    1 {
/* dr_mode = "peripheral"；*/
dr_mode = "otg";
? status = "okay";
};
```

USB 问题调试串口打印信息如图 4-27 所示。

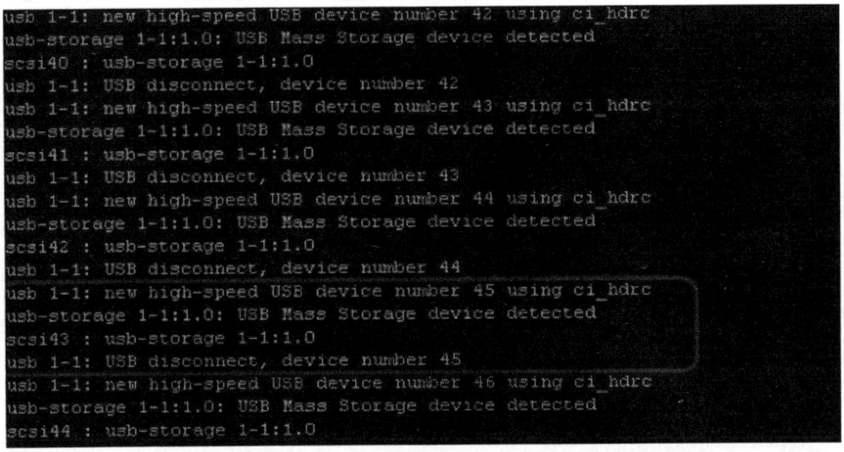

图 4-27　USB 问题调试串口打印信息

解决方法：

（1）如果只是使用 OTG 的主从转换功能，不需要 HNP、SRP 和 ADP，则需要将设备树文件修改如下：

```
&usbotg1 {
    /* dr_mode = "peripheral";*/
        dr_mode = "otg";
        otg-rev = <0x0200>;
        hnp-disable;
        srp-disable;
        adp-disable;
        status = "okay";
};
```

（2）如果想要使用 OTG 支持全功能，则需要修改硬件，使用一个 GPIO 口控制 USB_OTG1_VBUS，并将设备树文件修改如下：

```
reg_usb_otg1_vbus:regulator@1 {
        compatible = "regulator-fixed";
        reg = <1>;
    regulator-name = "usb_otg1_vbus";
        regulator-min-microvolt = <5000000>;
        regulator-max-microvolt = <5000000>;
        gpio = <&gpio4 7 GPIO_ACTIVE_HIGH>;
        enable-active-high;
};
&usbotg1 {
        vbus-supply = <&reg_usb_otg1_vbus>;
        dr_mode = "host";
        status = "okay";
};
```

4.3.2 优化启动时间

嵌入式系统尤其是网关系统，启动时间越快，对组网系统的设备影响就越小，但是嵌入式系统的功能越来越多，系统也越来越复杂，这就需要对系统启动时间进行优化。

在产品开发过程中尝试了多种方法，具体如下。

（1）性能优化。

① U-boot：

■ 启用 MMU 和 L2-Cache。

■ 优化 memset 和 memcpy 性能。

■ 启用 SDMA，加速数据从外部存储到内存的搬移速度。

② Kernel：优化 memset 和 memcpy 性能。

（2）删除不必要的模块。

① U-boot：

■ 在 U-boot 中禁用 uart 输出，并向内核启动添加 quite 参数。

■ 删除 U-boot 启动延时。

■ 禁用 I^2C、SPI、SPLASH_SCREEN。

② Kernel：在 devicetree 中删除所有没用或者不必要在系统启动时就初始化的设备，尤其是 I^2C、PWM 等慢速设备。

（3）第一时间启动应用程序或服务。这个主要在 Linux 启动脚本中修改，以第一时间启动系统服务程序或主程序。后续版本中使用 systemd 控制相关服务的启动和关闭。

第 5 章

Chapter 5

如何构建安全物联网节点

安全物联网节点是具有执行、感知、通信、安全功能的物联网设备。按应用场景可以分为智能家居、智能家电、工业物联网、个人终端等。这些设备通常是由 Host MCU（主控制器）加上传感器、通信模块及 SE（安全元件）等构成的嵌入式系统。在这里我们主要从安全的角度来探讨物联网节点设计中需要注意的问题。

5.1 安全物联网节点概述

5.1.1 安全物联网节点的基本特点

图 5-1 所示是一个智能门锁例子，其主要功能包括指纹输入开锁、密码输入开锁、远程更新密码、远程更新 MCU 固件和 SE 软件、指纹密码安全存储等。从功能入手可以得到具体的安全要求。

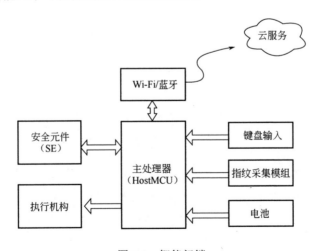

图 5-1　智能门锁

首先智能锁要连接到云进行远程下载临时密码、更新状态及下载固件。如果有人用假冒的云连接智能锁，那么他就可以下载任意已知密码到智能锁，达到非授权开锁的目的。或者有人连接云进行非法下载，研究软件漏洞，破解门锁。因此在智能锁与云之间需要有身份认证机制保证双方的身份合法。另外智能门锁与云之间是通过公共网络进行通信的，容易被不法分子监听截获，所以通信需要采取加密的方式进行。

设备本地的安全也不容忽视，安全元件与 MCU 之间，MCU 与输入设备之间（指纹采集器或密码输入键盘）也需要以密文加消息认证码来实现消息传递，以避免受到中间人攻击。MCU 与安全元件之间的通信尤为重要，部分敏感信息会在这个通道上传递，解决方案是在二者之间实现安全通道和安全会话。密码和指纹信息需要采用安全的方式存储，任何时候都不应暴露于非安全存储环境之下，比对运算也必须在安全的平台上进行，平台需要有抵抗DPA、SPA 和 EMA 等旁路攻击的能力。任何设备和算法都有存在漏洞的可能，即使在设计之初完备地考虑了各种安全风险并实施了完备的安全策略，在设备部署之后随着攻防技术的进步，也会不断有新的攻击方法涌现出来，而且计算能力的提升使攻击成本下降、攻击时间缩短及攻击门槛降低。因此物联网设备需要具有在线固件更新、安全算法及软件更新的能力。

认证是指确认对方（通信参与者或应用使用者）身份的合法性，按照认证流程可分为单向认证和双向认证。单向认证仅需要确认一方身份，往往是请求服务方或者会给侵权方带来巨大利益的一方。对于单向认证 RSA 和 ECC等非对称加密算法更为合适。

以采用 ECC 算法的单向认证为例，设备的私钥存放在安全元件里永不外泄，包含公钥的设备证书存于设备中，并用上一级根密钥签名。当设备连接到云或服务器时，设备证书被读出，服务器使用公钥对证书的签名进行验证，验证通过后取得设备公钥。接下来设备用私钥对服务器发过来的包含随机数的信息进行签名并返回服务器，服务器用设备公钥进行验签。单向认证的优点在于过程简单，使用公钥体系算法只需要一方保存私钥，对于公钥（或证书）的存储和传递没有很高的安全性要求，因此简化了系统的安全设计。其缺点在于仅能确认一方身份，通信的另一方有被假冒的可能。例如，某电动车通过网络下载更新固件，下载前使用单向认证确认车辆的合法身份，却没有验证云端服务器的身份。这一点被黑客利用，使用假冒的服务器将恶意代码下载到电动车处理器。

双向认证可以保证参与双方的身份合法，避免任何一方被假冒。双向认证通常使用对称式加密算法，如 AES 和 DES 等。由于对称算法加/解密双方使用同样的密码，所以通信双方都必须有足够安全的手段来保存密钥不被泄露，任何一方泄露密码都会使系统丧失安全性。相对于公钥密码体系，对称式密码更易被泄露，解决方案之一是在认证的过程中使用临时会话密钥，每次会话都使用新的会话密钥，并且这个密钥可以通过密钥协商算法在会话开始前计算出来，如 DH 算法和 ECDHE 算法等。

大的物联网方案提供商都会非常重视安全，设计安全规范，提供从软件到固件，再到硬件的完备方案，并采用专门的安全元件 SE 完成密码的运算和安全存储。但是也常看到一些设备厂商对安全不够重视，或者是基于成本的考虑，或者是没有充分认识物联网设备的安全风险，采用低安全级别（甚至无安全认证）的芯片，使用单向认证或已被破解的算法，甚至去掉 SE 而由 MCU 软件完成密码运算和敏感信息存储。

对于物联网节点设备，安全是赢得用户信任的基础，是从云服务提供者、规范设计者、设备开发者到最终用户这个价值链的起点。缺乏安全和信任的产品无法最终赢得用户。安全元件提供硬件安全，通过了严格的第三方检测实验室的安全认证，包括 CC、FIPS 和 EMV 等主要国际安全认证，而这些安全认证是基于长期安全经验积累形成的安全标准。安全实验室在对安全元件进行测评的时候，根据安全标准规定的保护范围、攻击方法进行测试。安全标准也会不断更新，针对不断涌现的攻击方法和已发现的算法安全漏洞加入新的检测项。通过了高级别安全认证的安全元件可以确保对大部分已知攻击方法具有足够的防御能力。

　　安全元件的采用使设备的安全功能与普通事务处理功能得到分离，使设备厂商无须开发复杂的安全算法软件。云服务提供商通过统一使用安全元件防止物联网节点软件漏洞对云安全的威胁，保证了云的安全性。普通的 MCU 并不具备防御旁路攻击、错误注入攻击的能力，在进行加/解密运算的时候，使用的密钥甚至会通过电磁辐射或能耗变化泄露出来。在光攻击和电磁辐射攻击下，运算出错的代码流程有可能会执行错误的动作或输出敏感信息；而这些情况的防御都是安全元件的擅长之处。安全元件使用具有针对性的安全技术防御每一种攻击方法，包括安全专利技术，也有其他机构授权的技术，这些都会在安全元件的手册中有所标识。非专业安全开发者往往不具备开发安全相关软件的能力、经验和预算。

　　一种攻击方法的威胁程度与攻击花费的时间密切相关，往往随着时间的流逝威胁逐渐减小，甚至最后消失。如果一种攻击能非常快地攻破安全防线，攻击者就可以获得巨大的利益。例如，在金融领域，黑客短时间内获取内幕消息，他会获得巨大的经济利益，但如果攻击花费时间过长，内幕新闻往往就会失去价值。电子护照需要功能强大的保护，因为一本电子护照的有效期可以达到十年，在这十年中，必须受到严格的安全保护使之不被攻破；否则，在这十年之中，都会给攻击者带来收益，给被攻击者带来损失。因此电子护照对安全性要求非常高。

　　不同的应用对安全性的要求不同。电子护照由于涉及公共安全和利益，一旦被破解会带来较大的消极影响和公共安全隐患，需要高等级的安全防护。电子支付应用也应该有足够高的安全等级，一旦账户被攻破，不但会给使用者带来损失，金融机构的信誉也会受到影响。对于另外一些应用来说，安全性要求就没有那么紧迫了，如公园门票和单程交通票卡等，此类应用往往采用较低的安全等级，价格低廉的解决方案（芯片），如 Mifare Classic 等。而物流、快销品防伪及资产管理等对安全性要求很低的应用，一般会采用弱安全性低成本的方案，如 UCODE RFID 等。

　　产品的安全性与实施的复杂性和成本是成正比的。在追求性价比和时效性的消费类电子领域，安全性得不到足够重视，往往因为节省成本而采用价格低廉、安全性低的产品，甚至用软件取代硬件安全元件。安全元件的硬件复杂度远高于功能相近的非安全电路，由于使用了更多的晶体管，占用了更多的芯片面积，因此成本也大大增加。另外，不同安全元件的安全级别、成本及安全性也不尽相同。

5.1.2 安全物联网节点实例

与云计算相结合是物联网的发展趋势。当万物互联，海量数据的处理需要大数据、云计算、人工智能的支持，才能实现真正的智能生活。领先的科技企业已经开始了物联网+云计算的研究、设计和实现，并制定了企业标准、行业标准，积极布局生态链，在新经济中占领制高点。最早实现 IoT+Cloud 成熟方案的是 AWS，Ali IoT（阿里云物联网）的进展也十分迅速，标准渐趋成熟，并不断有项目落地。下面以这两个方案为例介绍物联网节点的安全机制和实现。

1. AWS IoT 安全节点的实现

AWS（Amazon Web Services）是亚马逊的云计算业务，它以网络方式向企业提供 IT 基础设施服务，利用 AWS 云技术，企业不需要花费大量时间和财力来部署 IT 基础设施，可以快速、方便地利用 AWS 提供的服务来构建自己的业务。AWS 包含多种云计算服务，通过统一的控制台界面进行访问、配置及显示。AWS 的主要功能模块包括：

（1）EC2 弹性计算云，由用户根据实际情况灵活配置计算资源，并且根据实际使用状况进行付费。

（2）AWS Lambda 允许客户运行自己的代码，无须管理和配置服务器，根据实际使用的计算量付费，代码可以经由事件触发，并可以调用 AWS 的其他云服务。

（3）S3 是云存储服务，提供简单易用的数据存储、访问及归档等功能；

DynomoDB 是一项快速灵活的 NoSQL 数据库服务。

（4）Amazon Machine Learing 服务能够帮助开发者在没有深入学习机器算法与技术的情况下使用机器学习技术来完成机器学习模型，并利用简单的 API 从应用程序中获得预测结论，无须自定义预测生成代码和管理任何基础设施。AWS IAM 在用户访问 AWS 资源时提供身份与访问管理。

AWS IoT 是一套全托管物联网云平台（见图 5-2），可以连接海量物联网设备，不仅帮助设备连接到云，设备与设备之间也可以直接通信；用户可以自定义规则筛选过滤来自设备的信息；可以创建 Web 应用或移动应用随时查看和控制设备；通过 AWS IoT 连接到 AWS 云的设备可以触发其他云服务，如云存储、数据库、云计算及大数据分析等。AWS IoT 提供给设备开发者 SDK，通过 MQTT、HTTP、WebSockets 协议连接和验证 AWS IoT 并交换数据。

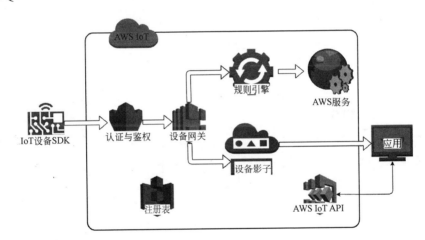

图 5-2　AWS IoT

IoT 设备通常会采用 MQTT 通信协议，它是一种基于发布/订阅（Publish/Subscribe）模式的"轻量级"通信协议，该协议构建于 TCP/IP 协议上，由 IBM 在 1999 年发布。MQTT 最大的优点在于，可以用极少的代码和有限的带宽，为连接远程设备提供实时可靠的消息服务。作为一种低开销、低带宽占用的即时通信协议，在物联网、小型设备及移动应用等方面有较广泛的应用。MQTT 协议运行在 TCP/IP 上，提供有序、无损及双向连接。

　　AWS IoT 通过注册表创建设备标识，并跟踪设备的属性和功能等。例如，注册表给一个温度传感器节点分配唯一标识，记录传感器状态、是否报告温度及温度数据单位等。

　　AWS IoT 影子（见图 5-3）是 AWS IoT 的重要概念，通过影子把物联网设备状态影射到云端长期保存，通过影子设备与云或其他设备进行通信。影子中包括设备的最后更新状态及期望状态；当前状态由设备更新到影子；期望状态由应用进行设置，或者由规则引擎触发。即使在设备离线期间，其状态在影子中也仍然保持，并且接收应用设置期望状态。当再次连接到云时，设备会根据期望状态来自动更新自己的状态，并发布当前状态到影子。而这些都是由 AWS IoT SDK 来完成的。

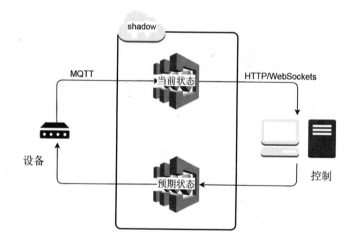

图 5-3　AWS IoT 影子

　　由于网络的不稳定，IoT 设备会频繁地上下线。应用程序想要获取当前的设备状态，当请求发出时，正好设备掉线，无法获得设备状态，可是下一秒这个设备又上线了，在这种情况下应用程序就会无法获得和设置 IoT 设备状态。假如有很多应用程序同一时间请求获得设备状态，那就意味着 IoT 设备需要根据这些请求响应多次，哪怕这些响应的结果都是一样的，因此这样做实在没有必要，而且设备本身处理能力有限，可能无法负载这种被请求多次的情况。

当有设备影子这个机制时，这个问题就能很好地解决了。因为影子会存储设备最新状态，一旦设备状态有变化，设备就会把状态同步到影子上。这样应用程序在请求设备当前状态时，只需要获取影子中的状态即可，不需要关心设备是否在线，可以随时发出请求。多个应用程序同时请求 IoT 设备状态时，只需要读取设备影子状态即可，无须同时连接设备。设备也只需要一次主动同步状态给设备影子，就做到了应用程序和设备的解耦，设备的能力得到解放。

当应用程序发送控制指令给 IoT 设备时，应用程序不需要确认设备是否在线，只需要发送指令，指令会带着时间戳保存在设备影子中。当设备掉线重连时就会获取指令，并根据时间戳来确定是否执行，若设备判断指令过期可以选择不执行指令，而不会出现设备再上线时突然执行过期指令的场景。

AWS IoT 通过规则引擎对物联网设备传输到 AWS 云的大量数据进行初步筛选和处理，然后送到后端进行进一步处理。规则引擎还对物联网设备发出的消息进行路由处理，传递到其他物联网设备，可以一对一，也可以一对多。规则引擎还可以对 IoT 设备输入的数据进行路由处理，连接到其他 AWS IoT 服务端。

与 AWS IoT 平台集成的 AWS 服务包括：

（1）Amazon DynamoDB：托管 NoSQL 数据库。

（2）Amazon Kinesis：大规模流式数据实时处理。

（3）AWS Lambda：EC2 云虚拟机运行代码响应事件。

（4）Amazon Simple Storage Service（S3）：可扩展云存储。

（5）Amazon Simple Notification：推送通知服务。

（6）Amazon Simple Queue Service：消息队列服务。

物联网与云计算的紧密结合给用户带来了极大便利，但是很多应用领域并不完全适合把所有数据和处理都提交到云端进行。原因之一是出于隐私的考虑，用户并不希望把自己的隐私数据发送到云端，即使云端有安全措施保证其隐私性。例如，智慧工厂并不希望把它的生产、采购及库存信息上传到云端，因为这样会有被竞争对手获取的可能。涉及个人隐私的数据也往往希望被保留在本地。原因之二是集中式云端处理高度依赖网络基础设施，而无论何种物理连接都具有延迟性，因此这对于有实时性要求的应用来说是不可接受的，特别是工业互联网领域的强实时性事务。另外网络连接的不可靠性对于工业领域的物联网应用是致命的。如果由本地设备（如传感器）采集到的所有数据都上传到云，会消耗大量通信资源，也会使用大量云计算资源和存储空间，增加用户的物联网设备运营成本。

AWS GREENGRASS 是边缘计算解决方案，它使用一套本地化部署的软件，帮助物联网设备实现本地交互和运转，同时保留接入云的能力。GREENGRASS 是由 CORE 和 IoT 设备 SDK 组成的。CORE 的主要功能包括本地 MQTT 消息网关，发布本地消息；本地设备影子维护，包括在本地保存设备状态或同步到云端；在本地执行 Lambda 函数，实时地做出决策并发布指令。物联网设备可以暂时处于离线状态，连接恢复后再更新状态同步数据，执行云端处理分析和存储；GREENGRASS 采用双向认证安全机制，保证物联网设备之间、物联网设备与云之间的安全通信。设备 SDK 负责连接设备与云，支持 TLS、WebSockets 和 MQTT。

AWS IoT 的安全架构保证设备只有在经过身份认证后，才可访问物联网影子（Things Shadow）；往返 IoT 的数据都需要经过 TLS 加密。物联网设备使用 X.509 证书，设备证书需要保证唯一性，可以进行证书更新替换；经由上一级 CA 进行签发。

AWS IoT 采用数字证书的模式保证了私钥存储在设备的安全元件中，在任何时候不会外泄；证书通过用户名 / 密码或持有者令牌的方式进行设备身份验证。物联网设备身份认证采用 TLS1.2 协议、SHA256_RSA 签名算法。IoT 设备需要存储 AWS IoT 的 VeriSign Class 3 Public Primary G5 根 CA 证书。物联网设备证书可用 AWS IoT 控制台或者 CLI 生成，也可以使用自己生成的证书。若要使用自己的证书，需要将上级（签发者）证书在 AWS IoT 进行注册。
AWS IoT 与设备端使用两级证书。AWS IoT 用户可以注册多达 10 个证书，可以激活、更新和停用证书。

2. Ali IoT 安全节点的实现

Ali 云为开发者提供物联网开发套件 SDK，帮助开发者搭建物联网平台，连接设备（传感器、执行器、嵌入式设备及智能家电）到阿里云；通过规则引擎使用阿里云的数据采集、存储及分析等云计算服务，实现大规模设备接入，保障设备与云通信的质量、性能、安全。

IoT Hub 帮助设备连接 Ali IoT（见图 5-4），进行安全可靠的数据通信。支持线性动态扩展，可以支撑十亿个设备同时连接。通信链路以 RSA、AES 加密，保证数据传输的安全。当设备与 IoT Hub 建立数据通道后，IoT Hub 会与设备保持长连接，减少握手时间，保证消息的实时到达。IoT Hub 支持 CoAP 协议和 MQTT 协议。设备可以基于 CoAP 协议与 IoT Hub 短连接通信，应用于设备低功耗场景。设备也可以基于 MQTT 协议与 IoT Hub 进行长连接通信，应用于指令实时响应的场景。IoT 套件支持 PUB/SUB 及 RRPC 两种通信模式，用户可以根据自己的业务灵活使用这两种通信模式。PUB/SUB 是基于 Topic 进行消息的路由转发，让设备端或者服务端订阅发布消息，实现异步通信，如图 5-5 所示。

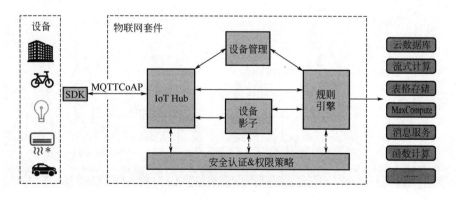

图 5-4　Ali IoT

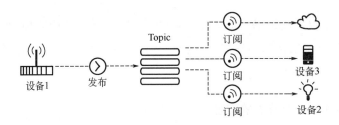

图 5-5　订阅/发布

　　IoT 套件维护所有 Topic 的订阅发布用户列表，当消息发送到 Topic 时，IoT 套件会检查该 Topic 的所有订阅用户，然后将消息转发给所有订阅该 Topic 的设备。RRPC 是基于开源协议 MQTT 封装了同步的通信模式，服务端下发指令给设备可以同步得到设备端的响应。

　　Ali IoT 也采用了与 AWS IoT 一样的设备影子机制，用于存储设备上报状态和应用程序期望状态信息。设备可以通过 MQTT 获取期望状态和更新当前状态设备，应用程序也可以通过 POP API 获取和设置设备影子以此来获取设备最新状态或者下发期望状态给设备。

　　OTA 是物联网设备的必要功能，当发现有紧急安全漏洞时，设备可以通过 OTA 服务进行固件升级（见图 5-6），将安全风险降至最低。

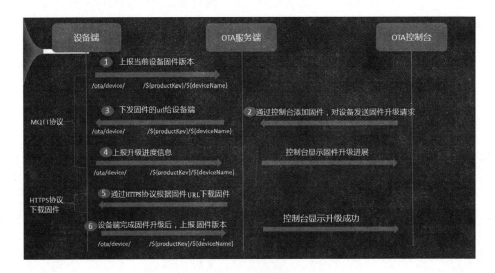

图 5-6　IoT 设备 OTA

首先用户在固件升级控制台上添加固件，当设备连接到 OTA 服务端时上报版本号，若上报版本号为用户指定升级版本号则进行升级。升级可分为验证固件、批量升级及再次升级。触发升级操作之后，设备会收到 OTA 服务端推送的固件 URL 地址；设备收到 URL 后，根据 URL 下载固件，URL 是有时效限制的，超过这个时间后，就会被拒绝访问，防止无效升级。设备端完成固件升级后，需要 PUB 最新的固件版本到 topic，如果上报的版本与 OTA 服务要求的版本一致则认为升级成功，反之失败。

在安全方面，Ali IoT 提供一芯一密的设备认证机制，提供 TLS 标准的数据传输通道，保证数据的机密性和完整性；提供设备权限管理机制，保障设备与云端安全通信；提供设备密钥安全管理机制，防止设备密钥泄露；提供芯片级安全存储方案，防止设备密钥被破解。

IoT SDK 提供多重防护保障设备云端安全。每个设备需要具备物联网颁发的证书才能连接 IoT Hub；设备与云端通信采用 AES 和 RSA 算法加密，从而保证数据传输安全。为了安全地基于数据通道传输数据，设备需要保证它们的证书安全，需要将证书存储于安全元件中。数据到达 IoT Hub 之后，IoT Hub 通过权限机制保障数据安全转发到其他阿里云服务或者其他设备。

IoT SDK 设备颁发证书，包括产品证书和设备证书。设备证书与设备是一对一的关系，确保设备的唯一性和合法性。设备接入 IoT Hub 前，都需要进行设备认证，设备认证需要携带产品证书和设备证书。阿里云物联网套件采用 RSA-1024bit 和 AES 算法保证数据传输安全。在认证过程中需要使用阿里云颁发的根证书 CA_pub 文件。ID^2 系统架构如图 5-7 所示。

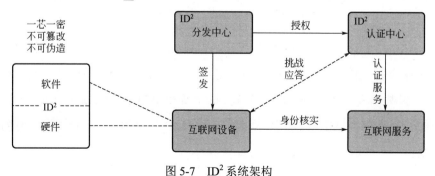

图 5-7　ID^2 系统架构

Ali IoT 节点设备端采用 ID^2（Internet Device，ID）作为物联网设备的可信身份标识，具备不可篡改、不可伪造及全球唯一的安全属性，实现万物互联、服务流转，构建物联网关键基础设施，其安全功能包括：

（1）产线预置，提供产线 SDK 和开放平台，客户在线申请 ID^2，获得产线证书，用来保护整个产线烧录过程的密钥安全性。

（2）ID 生命周期管理，提供 ID 的创建、激活、更新及注销等全生命周期管理。

（3）设备身份认证服务，提供基于挑战应答和基于时间戳的两种认证方式，防止重放攻击。

（4）数据传输安全防护，保护数据的完整性和机密性。

主 MCU 软件架构如图 5-8 所示。

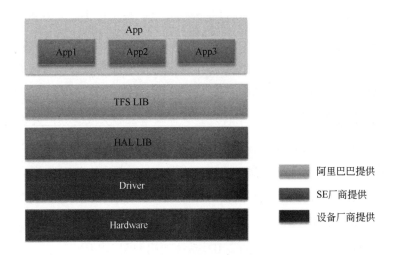

图 5-8　主 MCU 软件架构

Ali IoT 为设备端提供 SDK，帮助物联网设备完成 ID^2 安全认证和数据保护等功能。其中，SE（安全元件）厂商提供 HAL LIB（硬件提取层支持库），封装了底层硬件对 SE 的操作，向上提供 API 接口完成基本安全算法功能；TFS 层由 Ali IoT 提供，根据 HAL LIB 的 API 实现 ID^2 安全功能，包括：

（1）获取 ID^2。

（2）ID^2 解密，使用 ID^2 解密制定数据。

（3）获取设备认证码：挑战应答模式，基于挑战应答模式生成设备端认证码。

（4）获取设备认证码：时间戳模式，基于时间戳模式生成设备端认证码。

（5）应用软件开发者在 Ali IoT 的设备上编写应用软件，调用 TFS LIB 提供的 4 个功能函数完成设备安全认证。

图 5-9 所示为挑战应答模式的认证过程。

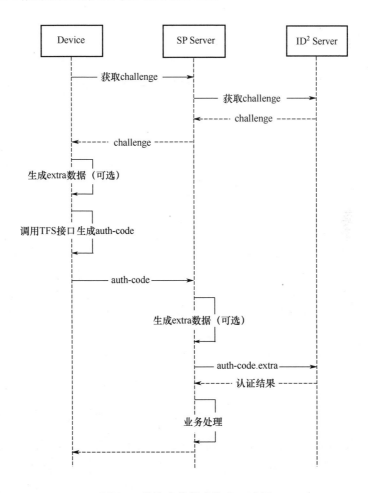

图 5-9　挑战应答模式的认证过程

5.2 安全物联网节点的构建

5.2.1 安全物联网节点硬件构建

安全物联网节点通常是由传感器、执行机构、微控制器及安全元件构成的。微控制器负责通信、控制及事务处理；安全元件负责与安全相关的运算，包括加/解密、签名认证及敏感信息存储等功能。在这里我们主要讨论安全相关的软硬件部分。

1. 安全元件硬件结构

安全元件作为设备的安全核心，负责关键的加/解密运算、签名验签及敏感信息存储等功能。它的安全性是由硬件、固件及软件共同保证的。图 5-10 所示为典型安全芯片的硬件架构。

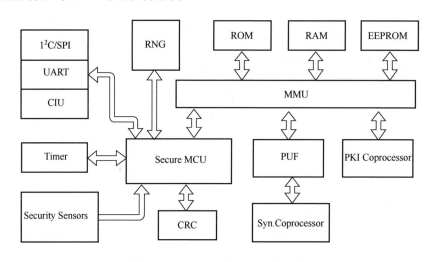

图 5-10 典型安全芯片的硬件架构

安全元件的核心部分是基于安全架构的 CPU 内核，可以是 8/16bit 或 32bit 架构，需要具有防范错误注入和信息泄露等攻击的能力。错误注入攻击是常用的攻击方法，它对 CPU 的运行进行干扰，使其运行出错，偏离正确的运行状态，帮助攻击者获得期望的结果。攻击者通过注入干扰可以让代码运行出错，甚至跳过某些指令的执行。常用的干扰包括高低温干扰、供电端注入电脉冲干扰、电磁干扰及光攻击等，其中光攻击的攻击效果最为显著。光攻击利用半导体器件的光电效应，当有足够能量的光照射到半导体上时，会激发电子—空穴对，电子—空穴对的反向流动产生光电流，额外的电流被电路检测到会造成晶体管的状态误读，导致数据读出错误或者程序执行出错。光攻击的强度与光闪频率成正比，与照射光束直径成反比。能够防御高频、小直径的光攻击是具有很大难度的。防范光攻击的手段主要有配置光传感器、设置校验位、多次读取（数据）并比较，以及在硬件上设置冗余电路等。

信息泄露攻击是指 CPU（或协处理器）在运行的过程中会通过能耗、电磁辐射及运行时间等泄露敏感信息，泄露的信息会被攻击者利用并推算出密钥，或者直接泄露密钥。非安全架构的 CPU 运行时功耗与执行的指令或操作数相关，攻击者可以通过监测芯片的功耗来获取 CPU 执行的代码或处理的数据，如 SPD/DPA 等攻击方法。具有安全架构的 CPU 在设计过程中需要不断优化去掉会造成信息泄露的电路。

时间分析攻击是指攻击者通过监测代码的执行时间来推导CPU操作的攻击方法。安全的 CPU 内核需要保证同一操作的执行时间与操作数无关。除硬件外，软件也需要采用防护措施来防御时间攻击。

对称式密码运算协处理器是安全元件的必备结构，通常包括 DES 和 AES 等国际通用标准算法，或者各国家地区的本地算法。它们也常常是黑客攻击的目标。为了防范错误注入和信息泄露等攻击，安全元件采用大量软硬件安全措施，如盲化、掩码、混淆、随机执行及多次执行比较结果等。

非对称式密码算法协处理器也是安全元件必备的单元，与对称式协处理器不同，非对称式协处理器往往只是提供大数运算的基本功能，由用户来编写具体的算法程序，如 RSA、ECC 和密钥对生成等。由于非对称算法编写复杂，且需要专业密码学知识，安全元件提供商往往也会给用户提供算法库。由于非对称算法是通过软件完成的，因此安全措施也大多通过软件完成，安全元件提供商会提供操作手册指导用户编写安全软件。安全性的提升往往会影响算法执行速度，算法库实现者不仅要考虑安全措施的实施，也要平衡算法执行效率，高安全性算法库需要通过第三方安全实验室评估并获得安全级别以证实其安全性，如 CC 的 EAL5+以上的认证。

安全元件通常使用 EEPROM 存储数据，为了防止数据被窃取，硬件上通往存储单元的数据总线与地址总线被加密，密钥在安全元件出厂时确定，且一芯一密，这样可以保证即使一颗芯片的密钥被获取也不会威及所有芯片的安全。为了防止 CPU 在读取 EEPROM 数据时受到错误注入攻击，安全元件在硬件上采用校验位，当数据被读取时会自动计算校验和并进行比对以防止数据被篡改。其他防范错误注入攻击的措施还有 Double Read，即每一次对 EEPROM 的读取会被实际执行两次，若两次读取结果不同则触发异常中断，通知 CPU 有攻击发生。

MMU 是内存管理单元，在它的管理之下安全元件的工作模式按照权限的不同被分为系统模式和用户模式。在系统模式下代码可以访问所有硬件资源，具有最高权限；而用户模式下仅预先分配的部分硬件资源可以被访问。用户软件在绝大多数时候运行于用户模式，在需要访问硬件的时候才跳入系统模式执行，并在执行完毕后返回用户模式，这样会大大降低系统被攻破的可能性。并且由于用户模式下权限受限，软件不需要做高强度防护，因此软件总效率不会有太大幅度的降低。

随机数发生器也是安全元件必不可少的组成部分，无论是对称和非对称加/解密算法，还是签名验签和密钥分散，都需要使用随机数。随机数的加入使每次运算的输出都是随机且不可预测的，增加了算法被破解的难度。随机数的质量极大地影响算法的安全性，质量差的伪随机数具有较短的周期，容易被预测而降低了算法的安全性，甚至导致算法被破解。

随机数质量的检测包括硬件测试和统计测试两个步骤，在随机数生成后和使用前进行，只有检测合格的随机数才可以被使用。硬件测试是随机数发生器的硬件自检，确认随机数发生器处于正常工作状态，通过了硬件测试后才可以进行统计测试。统计测试需要采集一定数量的随机数样本，有些安全元件的硬件可以进行统计测试，否则需要由软件执行。随机数的质量检测是一个较深入的话题，可以参考 NIST 或者 FIPS 的相关规范，也有许多学术论文对此进行探讨。下面介绍的随机数统计测试方法简单有效：首先采集（生成）40 字节的随机数样本，然后把每字节的随机数分成前后两个 4bit 的半字节，这样一共得到了 80 个 4bit 操作数，并参与下面的计算。

$$Y = \frac{16}{80} \sum_{n=0}^{15} f(n)^2 - 80 \tag{5-1}$$

按照式（5-1）计算出 Y，若 $Y > 65.0$ 则测试通过，否则测试失败。3 次统计测试失败后随机数生成器产生的随机数不能再被使用，安全元件需要进入锁定模式，并且通知外部有失效情况发生，但不能显式告知是随机数生成器发生了问题，否则有被黑客利用的风险。

安全元件的安全传感器用于检测模块的运行状态和外部环境，包括供电、时钟、温度、内部电源毛刺及外部光攻击等。当安全传感器检测到异常情况时，可采取热复位或触发异常中断来通知 CPU 采取安全措施。

频率传感器用于监测外部输入的时钟频率，在其超出额定上下限的时候触发芯片复位，当时钟频率回到正常范围后，芯片返回正常工作状态。如果安全元件使用内部时钟源作为 CPU 工作参考时钟，则不受频率传感器影响。

温度传感器用来监测芯片工作温度，当温度超过额定温度上下限时复位芯片，以防止芯片在非正常温度下运行出错，带来安全隐患。

安全元件的光传感器用来监测光攻击，这类传感器通常集成在安全元件的数字内核、存储器及模拟电路等各个部分。当电路暴露于光线下时，会触发芯片复位或异常中断。传感器的灵敏度被调整到在正常光线下不会触发复位或异常，同时也会配置额外的高灵敏度传感器，当光线强度不足以引起芯片复位或触发异常时，通过置位寄存器的方式通知软件发生环境变化。

2．物理不可克隆技术

随着安全攻防技术的发展，以及处理器性能的日益强大，对安全元件及密码技术提出了更高的要求和挑战，在一些高安全级别的新一代安全元件上出现了 PUF（物理不可克隆技术）。PUF 是半导体器件的一种"数字指纹"，用于密码保护、身份标识及追踪认证。它是基于半导体器件的固有物理特性设计的一种高安全性防护功能。没有任何两颗芯片是完全相同的，即便采用相同的原料、设计、技术及制造工艺，也无法生产出两颗完全相同的芯片。这是因为在制造过程中，不可控的随机物理变化导致芯片之间的微小差异。这些差异在一个可控的范围内且非常敏感，但其又不影响芯片正常工作。正是这些随机、不可预知及不可控制的差异奠定了芯片安全的物理不可克隆基础。PUF 与各种算法结合起来成为一种新型强安全性硬件加密技术。PUF 取决于其物理微观结构的独特性，而这种微观结构取决于制造过程中引入的随机物理因素。这些因素是不可预测和不可控制的，这使复制或克隆结构几乎不可能。

PUF 的具体实现方法有延时、DRAM 及 SRAM 等多种，具体有以下特点：

（1）随机性：即每颗芯片的 PUF "数字指纹"都是不同的、唯一的及随机分布的。

（2）稳定性：这些"数字指纹"在器件的整个生命周期中保证稳定、不会变化。

（3）隐蔽性：这些"数字指纹"信息并非存储在芯片的存储器中，而是在使用时产生，使用后消失，无法克隆。

由于这些属性，PUF 可以被用作唯一的和不可篡改的设备标识，也可以用于安全的密钥生成和存储及随机性的来源。

在一般情况下，安全元件会把关键的敏感信息（如主密钥）存储在非易失性存储器中，如 EEPROM 或 FLASH。为了防止主密钥不被黑客盗取，在存储时会先对其进行加密，这样即使黑客读出密钥信息，也无法解密。这时又衍生出一个新的问题：用于加密主密钥的保护密钥也只能存储在非易失性存储器中，也面临被黑客盗取的风险，一旦黑客获取了保护密钥就可以对加密后的主密钥进行解密，从而获取关键主密钥。

而 PUF 却可以完美地解决这个问题，利用 PUF "数字指纹"对主密钥进行加密，然后存储于非易失性存储器中。由于 PUF "数字指纹"具有半导体材料的物理特征，它作为密钥不会出现在芯片的任何存储器中，只有在需要用其进行加/解密运算时才会被获取，避免了被盗取的可能。

PUF "数字指纹"的随机性决定了其不可预测性；唯一性和稳定性可以被用来作为芯片和设备的唯一识别码，在物联网设备中使用挑战—应答模式对设备进行跟踪和防伪。

无论是用于加/解密还是作为设备唯一 ID，PUF "数字指纹"（见图 5-11）的稳定是至关重要的。但是在不同的环境下，如温度、运行时间及不同操作条件等，其基础物理过程会引起微小的误差，因此需要实施纠错方法（Activaion Code）来纠正这些误差，使每次在任何环境条件下都可以重建完全相同的密钥。大量研究表明一些纠错技术可以使 SRAM PUF 随着时间的推移变得更加可靠，同时也不会降低其安全性和效率。

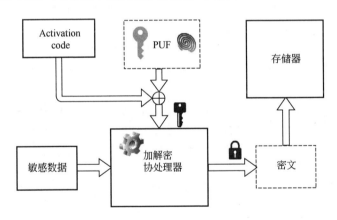

图 5-11　PUF "数字指纹"

3．安全元件的功能

微控制器与安全元件的本地连接通常采用 I²C、SPI 等方式，根据具体应用场景的不同还有 7816、14443 等连接方式。而 I²C 是安全元件采用最多的通信方式，其原因在于 I²C 协议简单、易于实现，不会占用过多 MCU 的软硬件资源，且几乎所有 MCU 都具有 I²C 通信接口。但 I²C 接口的缺点也是显而易见的，它的协议格式简单不易扩展，不支持复杂的指令格式，尤其是它没有安全操作必需的密文加消息认证码格式。我们常会看到在一些设计中，安全原件与微控制器之间通过明文传递密钥、计数器值及重要指令等敏感信息。这种情况给整个节点设备的安全带来了隐患。

解决本地安全问题的办法是在 I^2C 的基础上采用更安全的协议格式，支持密文传输和消息认证码，以及本地安全认证（微控制器与安全元件之间的认证）。通常我们采用在 I^2C 总线上传输 ISO 7816-4 所规定的命令格式 APUD。采用这个成熟的国际规范不仅增强了本地安全性，更使安全元件具有更好的移植性和通用性。这个 I^2C 与 ISO 7816-4 相结合的专用通信协议被称为 SCI^2C。

图 5-12 所示为某安全芯片的功能架构，我们可以从中了解它所具有的安全功能。

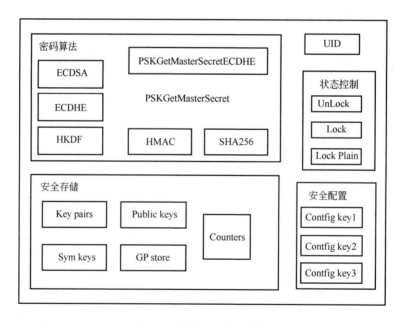

图 5-12　安全芯片功能架构

可以看到，这个安全元件主要具有 4 个方面的功能，分别是加/解密运算、安全存储、状态管理及安全配置。

安全存储部分用于保存敏感信息，包括（对称式）密钥对（Key Pairs）、公钥（Public Keys）、对称式密钥（Sym Keys）、安全计数器（Counters）及通用存储区（GP Store）用于存储应用相关的敏感信息。安全元件的存储部分还设置了 3 组配置密钥 Config key 1、Config key 2、Config key 3，在植入密钥时分别用于对 ECC 公钥和 ECC 私钥进行加密传输，并用于解锁安全元件。安全元件的存储部分通常用于存储密钥、证书、计数器或其他用户自定义的敏感数据。图 5-13 中的安全元件存储器可以存储对称密钥、公私钥对和外部公钥等，这是根据具体的应用安全协议来设计的。两个单调增加的安全计数器用于记录安全事件，在设备察觉到安全威胁时增加计数器值，并在计数值增加到上限时对安全原件进行功能限制或锁定，或者擦除敏感信息等操作。

安全元件的另外一个功能模块是状态控制，可以进行模块的锁定（Lock）和解锁（Unlock）；使能和禁止明文密钥注入（Lock Plain）。安全元件被锁定后，它的功能被限制，只能进行最基本的信息查询，如查询 UID、获取随机数及应用基本信息等；其他命令和功能都被禁止。

加/解密运算是安全元件的核心功能，支持的算法需要根据具体应用要求来确定。图 5-12 中的安全元件需要支持传输层安全协议（TLS），因此它支持的算法包括 ECDSA 签名算法、ECDH 密钥交换算法、HKDF 基于哈希算法的密钥分散运算、PskGetMasterSecret 主密钥协商算法、PskGetMasterSecretECDHE 基于 ECDHE 算法的主密钥协商算法。

在图 5-13 中，TLS 协议中主密钥的协商过程如下：首先由两个 16 字节对称密码 ConstrunctedKey 组成 32 字节输入数据 PSK，通过组合[u16（32）+32 字节 "0" +u16（32）+PSK（32）]产生 64 字节预主密钥 Pre Master Secret；然后按照 TLS1.2 PRF 协议中规定的方法，使用 HMAC 计算出 48 字节主密钥 Master Secret。HMAC 使用 SHA_256 对输入组合（PSK+Ai+Random）计算出 32 字节的哈希结果，其中 Ai 为上一轮哈希值；两轮哈希运算后得到 64 字节输出，并从中截取左边 48 字节作为最终的主密钥 Master Secret，并传递给主处理器 Host MCU 使用。

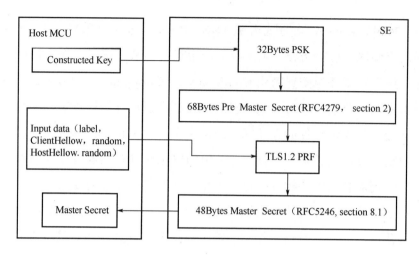

图 5-13　密钥协商算法

图 5-14 所示为基于 ECDHE 的密钥协商算法。首先使用 ECDHE 算法在 IoT 设备与服务器间协商出一个 32 字节的临时共享密钥；同时在安全元件中存储 48 字节预共享密钥 PSK，这个密钥由设备使用服务器公钥进行加密并发送给服务器；两部分共享密钥按照 RFC5489 中的规定生成 74 字节预主密钥 Pre Master Secret，然后按照 TLS1.2 PRF 中的规定使用哈希算法计算得到 48 字节主密钥 Master Secret，这个过程中还会用到物联网设备与服务器分别在 TLS 协议握手阶段产生并交换的两个随机数。

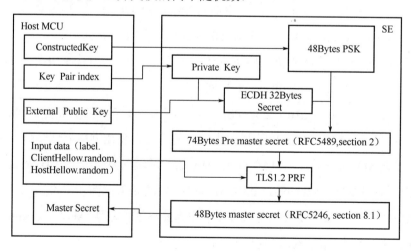

图 5-14　基于 ECDHE 的密钥协商算法

ECDSA 是基于椭圆曲线算法的数据签名算法，在 TLS 协议中用于基于公钥证书的物联网设备身份认证。

HKDF 是基于哈希（HMAC）运算的密钥分散算法，具体计算过程在 RFC5869 规范中规定。

HMAC_SHA256 是基于哈希运算（SHA256）的消息认证码算法，使用密钥和输入消息作为输入生成消息摘要：

$$HMAC（K，M）=H（K \oplus opad｜H（K \oplus ipad｜M））$$

ECDHE 是基于椭圆曲线算法的密钥协商算法，它可以在通信双方没有预先共享密钥的情况下，通过椭圆曲线算法协商出一个共享的对称密钥，在随后的通信过程中用于对消息的加/解密。首先通信双方基于同一条曲线和基点各自产生一组公私钥对，并把其中的公钥发给对方；然后各自用自己的私钥与对方发来的公钥进行运算（点乘）并得到相同的计算结果作为共享密钥。ECDHE 算法每次协商出来的密钥一般作为临时过程密钥使用，需要在下一次会话时进行更新，所以需要引入随机数来保证每次的过程密钥都不同。

图 5-14 介绍了基于 ECDHE 的密钥协商算法流程，使用了安全元件中预存的私钥 Private Key 与外部公钥 External Public Key 进行运算协商出 32 字节的 ECDH 共享密码，其余部分与图 5-13 中的流程类似。

5.2.2　安全物联网节点软件构建

1. 传输层安全协议

物联网设备与云服务器的通信安全大多使用 TLS 传输层安全协议来保障。TLS 协议是由 SSL 协议发展而来，并且被写入 RFC。TLS 层位于 TCP/IP 层以上，封装了应用层的协议数据，为网络通信提供了安全保障。TLS 协议由 TLS 记录协议（TLS Record）和 TLS 握手协议（TLS Hand Shake）组成，TLS 记录协议位于传输层协议之上，为高层协议提供数据封装、压缩及加密等基本功能的支持。TLS 握手协议建立在记录协议之上，用于在数据传输开始前，通信双方进行身份认证和密钥协商等安全操作。

TLS 协议主要的功能为：客户端与服务器双方的身份认证，避免任何一方被假冒；在通信开始后对消息进行加密传输，保证消息不被监听；通过消息认证码保证通信内容的完整性，不被篡改。下面是 TLS 协议握手的主要过程，具体协议请参考 RFC 文档。

设备首先发出连接请求（Client Hello），在这个过程中发送给服务器以下信息：一个由设备生成的随机数、设备支持的协议版本信息及设备支持的算法列表。其中，设备随机数用于随后的主密钥 Master Key 生成；算法列表供云端服务器进行算法选择。

服务器从列表中选择协议版本和算法种类，并生成一个随机数发给设备，用于随后的主密钥 Master Key 生成；服务器把自己的公钥证书发给设备，设备通过证书链验证公钥（服务器）的有效性；同样服务器请求设备证书，以验证设备的合法身份。

设备发送自己的证书给服务器，用于服务器对设备的身份验证；设备对收到的服务器证书进行检查验证，验证通过后提取出服务器公钥；设备生成 48 字节的随机数作为 Pre Master Secret，并用服务器公钥加密后发送给服务器；设备发送一个算法改变通知给服务器，随后的通信将以协商出的算法和密钥进行加密通信；最后设备发送前面所有数据的哈希值给服务器用于校验。

服务器用私钥解密并获得设备传来的 Pre Share Secret，并生成 Session Secret，也会发送算法改变通知给设备，表示随后通信将以协商出的算法密钥进行加密通信；最后服务器发送使用 Session Secret 加密的 Finish 消息给设备，以验证通过握手建立起来的加密通道是否成功。

以上是 TLS 协议握手的基本过程，根据算法和协议版本具体握手过程略有不同。如果设备与服务器支持 ECDHE 算法，则还需要相互发送 DH 参数，计算出 ECDHE 协商密钥，再与第 3 个随机数按照 RFC 的要求计算出 Pre Share Secret。

从设备端的角度来看 TLS 的密钥协商过程，如图 5-15 所示。

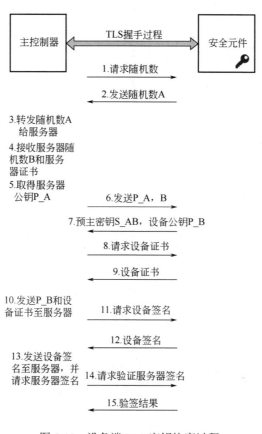

图 5-15　设备端 TLS 密钥协商过程

在握手完成后，设备与服务器就可以使用协商出来的密钥进行消息加/解密，并用消息认证码保护消息的完整性。

2. 主 MCU 的底层安全软件架构

物联网节点的安全原则是安全事务（包括密钥存储和密码运算）应该放在硬件安全环境下执行，非安全事务与安全事务相隔离。这样不但可以保证系统安全性，还可以避免一般性事务的处理由于安全性要求而降低效率，增加成本。在对设备进行安全认证的时候也更有利于划分安全保护轮廓与非安全要求区。图 5-16 所示为安全元件与主 MCU 配合的软件架构。

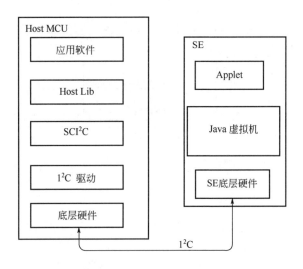

图 5-16　安全元件与主 MCU 配合的软件架构

安全元件与设备主处理器间一般通 I^2C 连接。I^2C 协议是明文传输的，需要额外的安全措施防止 I^2C 总线被监听。安全元件采用在 I^2C 总线上传输 ISO 7816 格式数据的方式，通过实施符合 GP 标准的安全会话来保证本地数据传输的安全（具体请参考 GP 标准中安全通道的概念）。安全元件上运行 JAVA 虚拟机 OS 封装了底层硬件操作，并提供符合 Java Card 标准的 API 给上层 Java 应用程序调用，并提供安全元件管理功能（应用添加、安装、删除及安全通道管理等）。上层的 Java 应用程序通过调用 Java OS 虚拟机提供的 API 方法实现安全密码算法。除了使用安全元件提供的安全应用程序外，用户也可以自行开发 Java 应用程序，实现自定义的安全功能。

在物联网节点设备主处理器端，需要根据不同的处理器芯片类型适配 I^2C 驱动程序，并实现 SCI^2C 与 ISO 7816-4 格式命令的转换，通过 Host Lib（主设备支持库）处理 ISO 7816 格式命令，并打包成设备处理器上层应用软件可以调用的 API 函数。设备主处理器应用软件通过调用 Host Lib 所提供的 API 函数和安全元件进行通信，发送接收命令，实现对安全元件的控制，完成加/解密运算、签名验签及密码存储等功能。

根据设备启动策略的不同，设备主处理器与安全元件之间的安全通道可以由 Boot Loader（启动程序）建立，也可以由主处理器应用软件建立。如果由 Boot Loader 建立安全通道，主处理器应用软件只会使用安全通道的会话密钥，而不需要接触安全通道的主密钥。

根据设备启动策略的不同，设备主处理器与安全元件之间的安全通道可以由 Boot Loader（启动程序）建立，也可以由主处理器应用软件建立。如果由 Boot Loader 建立安全通道，主处理器应用软件只会使用安全通道的会话密钥，而不需要接触安全通道的主密钥。

下面是由 Boot Loader 建立安全通道的启动过程：

（1）Boot Loader 初始化 Host Lib，经由 Host Lib 初始化与 SE 的通信，并获得安全元件的当前状态。

（2）Boot Loader 建立安全通道，并把安全通道静态密钥提供给 Host Lib。

（3）Host Lib 发送初始化认证指令和外部认证指令给安全元件，认证成功后计算安全通道的会话密钥，并初始化安全通道的会话状态。至此 Host MCU 与安全元件之间的安全会话已经建立。

（4）Boot Loader 可以调用 Host Lib 的密码运算功能来验证要加载的软件模块的签名，实现 MCU 软件模块安全加载。

（5）Host Lib 根据函数调用发送 APDU 命令。

（6）Host Lib 对 APDU 命令进行消息加密并附加消息认证码。

（7）Host Lib 使用 SCI^{2}C 协议和 I^{2}C 驱动传输 APDU 至安全元件，并接收安全元件的返回信息。

（8）Host Lib 更新安全通道状态，输出运算处理结果。

（9）Boot Loader 保存安全通道状态至 mailbox，启动 Host MCU 应用软件，并交付控制权，Boot Loader 退出。

（10）Host MCU 应用软件初始化 Host Lib，从 mailbox 中获得安全元件状态和安全会话状态，并传递给 Host Lib。

Host Lib 实现的密码运算函数可以被设备主处理器上运行的 TLS 通信堆栈调用，或被主处理器上的其他应用调用。Host Lib 把函数调用分解成 ISO 7816 格式的 APDU（应用协议数据单元），并通过 I^{2}C 接口传至安全元件。

Host Lib 通过安全通道保护主处理器和安全元件之间的通信。安全元件收到 APDU 后处理计算，并把结果通过相同的通道返给主处理器。

设备主处理器与安全元件之间可以建立安全通道实现安全会话，消息被加密并附加认证证码，安全通道建立时还要在主 MCU 与 SE 之间进行双向认证。因此主处理器也需要有对称式算法加/解密和消息认证码 MAC 计算的功能，主处理器端需要集成（或开发）一个算法库，通常可以使用 OpenSSL 实现，以避免开发算法库的额外成本和工作量。

OpenSSL 是一个开源的用于传输层安全协议（TLS）和安全套接层（SSL）的商业级功能齐全的工具包，它也是一个通用的密码算法库，包括主要的密码算法、常用的密钥和证书封装管理功能及协议支持，并提供丰富的应用程序供测试或参考。

从 OpenSSL 0.9.6 起，OpenSSL Engine 机制集成到 OpenSSL 内核中，成为了 OpenSSL 不可缺少的一部分。Engine 机制目的是使 OpenSSL 能够透明地使用第三方提供的软件加密库或者硬件加密设备进行加密。OpenSSL 的 Engine 机制成功地达到了这个目的，OpenSSL 已经不仅是一个加密库，而且还提供了一个通用的加密算法接口，能够与绝大部分密码算法库或者加密设备协调工作。当然，要使特定密码算法库或加密设备与 OpenSSL 协调工作，需要写少量接口代码，虽然这样的工作量并不大，但还是需要一些密码学知识。

与图 5-16 中的安全元件配合的主 MCU 端加入 OpenSSL 后，随机数生成、ECDH 算法中计算 Pre Master Secret、ECDSA 签名及 ECDSA 验签等通过 OpenSSL Engine 实现，其他功能如密钥注入、HMAC 及 HKDF 等仍然通过 Host Lib 的 API 接口实现。

3. 高安全性软件实现

物联网设备的安全不仅需要安全元件来实现硬件安全，主处理器软件也需要采取安全措施来提升整个设备的安全性。安全元件提供了对密码运算和密钥的保护，但主处理器软件不能完全依赖于安全元件，它也会参与一些相关运算，如图 5-16 中的主处理器算法库；OpenSSL 也是运行在主处理器上的；本地安全通信使用的会话密钥也需要保存在主处理器中。通用的软件安全原则不仅适用于安全元件，也适用于主处理器。另外，寻求第三方安全实验室的安全咨询服务也是提高设备安全性的重要途径。

流程监控是实现软件安全的重要途径，好的流程监控策略在设备受到攻击时能够发现错误并及时报警，可以提高防御错误注入攻击（Fault Injection Attack）的能力。下面是一个使用返回值链实现软件流程安全控制的例子。首先需要定义一个随机选择的初始常量（在下面的例子中是 SEC_VAL_INIT）并赋给状态变量 status；在每次函数调用前从状态变量中减去函数控制常量 fxValue，并在函数调用后增加 fxValue。在整个流程结束后查看 status，如果等于初始值 SEC_VAL_INIT 则证明流程正确执行；否则流程可能受到了出错攻击，某函数没有被正确执行。

图 5-17 中函数 f2() 的第 1 种写法，status 在编译后被赋予一个常量（编译器优化的结果）。如果采用第 2 种写法，则仍然有可能在错误注入攻击中被略过执行而无法检测到攻击的存在。对于错误注入攻击，攻击者可以略过一条语句的执行，或者翻转数据的一位。但略过多条指令或翻转多位，是很困难的。对于上面的例子，如果采用第 2 种写法，代码"status -= 3*f3Value；"被略过，且下面的 3 条 f3() 调用也被同时略过，这个程序流程在执行完毕后是无法检测到错误注入攻击的。

```
/* Pre-condition: define fixed, randomly        f2() {
chosen secret values SEC_VAL_INIT, etc.*/         status += f2Value-3*f3Value;[1]
uint32_t status;                                  f3();
f1() {                                            f3();
  status +=SEC_VAL_INIT-f2Value;                  f3();
                                                }
  f2();                                         f2() {
                                                  Status += f2Value;
  if (DFAC != SEC_VAL_INIT)                        Status -= 3*f3Value;
      sec_reset();                                f3();
                                                  f3();
  //Random wait|Redundant check:                  f3();
                                                }
  if (DFAC != SEC_VAL_INIT)                      f3() {
      sec_reset();                                status += f3Value-f4Value;
}                                                 f4();
                                                }
```

图 5-17　防 FIA 软件流程

对于关键函数，需要对它的调用返回值进行检测，并根据不同的返回值进行相关处理。对于布尔型变量返回值，不应直接用 0x00 和 0x01 定义其状态，而应使用 0xa5a5 和 0x5a5a 代表其状态。因为如果攻击者翻转了状态变量的某一位，程序会检测到这个值是非法的，察觉到错误注入攻击；而同时翻转多个位对于攻击者是非常困难的。

下面是编写安全软件的通用规则：

（1）在重要函数开始处及调用前后进行安全检查。

（2）对重要运算执行 2 次，第 2 次可以是第 1 次的反向运算，通过对比计算结果来检测错误注入攻击。

（3）程序流程检测，实施返回值链。

（4）程序执行时间和执行顺序随机化，不可预测。

（5）掺入虚拟操作，对真操作进行混淆。

（6）尽可能在代码中加入随机过程。

（7）使用高汉明重量的常量作为返回值。

（8）尽量使用 MCU 硬件提供的安全功能，如 watch dog timer 等。

（9）清空不需要使用的本地变量。

（10）在程序调用返回前尽量清空堆栈。

（11）对于自动设置 CPU 标志位的指令需要特别注意保护。

（12）敏感信息拆分存储在不同的存储器地址中。

（13）在判断语句处，使用复杂的判断参考值，避免使用单一位进行比较判断。

（14）避免把密码或其他敏感数据作为程序分支判断条件。

（15）程序返回值必须处理。

（16）在数据被使用前进行完整性检查。

（17）重要信息在存储器中分散存储。

（18）使用原子性机制，保证数据的完整性和一致性。

（19）数据写入非易失性存储器后要马上读出，进行结果检查。

（20）使用安全元件提供的攻击计数器和安全计数器，必要时报警或重启。

（21）关键过程的执行时间必须是在 I/O 端无法被获取的。

5.3　安全物联网节点构建过程中的疑难与解析

5.3.1　初始密钥安全注入

安全是一个整体的、系统的概念，安全元件保存和使用密钥，任何时候不会泄露到安全元件之外，能够保证运行过程中密钥的安全。初始密钥的注入是安全元件生命周期中的重要环节，如何安全地完成初始密钥产生、注入及传递，直接影响整个系统的安全性。搭载安全元件的物联网设备主要由消费电子厂商或工业设备厂商设计生产，他们通常不具有专业的安全生产环境（需要经过安全认证），而安全元件提供商是专业的安全产品方案提供者，具有经过认证的高安全性生产环境和生产流程，往往可以提供密钥产生注入服务，即 Trust Provisioning。例如，某安全芯片需要在生产过程中为每颗芯片注入唯一的 ECC 算法公私密钥对，以及保护芯片公钥信息的芯片证书。

安全元件生产厂商在高安全性生产环境下，使用 HSM（Hardware Security Modulus）硬件加密机为每颗芯片生成唯一密钥及相关信息并写入安全元件非易失性存储器，这些信息包括芯片配置参数、用户自定义数据、芯片唯一 ID、ECC 私钥及证书等。安全密钥注入如图 5-18 所示。

每颗芯片的 ECC 公私钥对和证书均在 HSM 中创建，证书创建完成以后，由 HSM 使用 SHA 算法计算证书的哈希值，并用安全元件生产厂商的证书认证私钥进行签名。证书认证私钥则保存在 HSM 中，公钥则分发给安全芯片的用户。芯片证书体、签名及私钥在芯片测试阶段注入每颗芯片，做到一芯一密。设备厂商在收到安全芯片后，利用芯片管理密钥对安全芯片进行初始化，可以进行设备信息写入、证书和密钥替换、工作状态切换的操作。

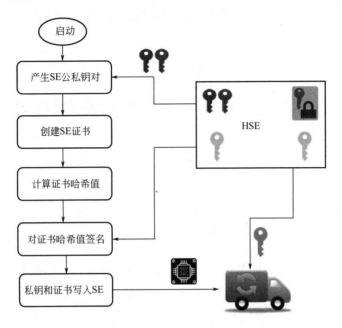

图 5-18　安全密钥注入

　　若 OEM 厂商选择使用第三方认证机构颁发的证书，情况会复杂一些。OEM 厂商需要先生成 CSR 公私钥对，并把私钥发给安全元件提供商，公钥发给第三方认证机构。安全元件提供商使用 HSM，在安全环境下生成每颗芯片的公私钥，把私钥注入芯片中，公钥生成证书并用 NXP 私钥进行签名，然后注入芯片。安全元件提供商生成一个 CSR（Certification Signing Request）证书签名请求报文（参见 PKCS#10，这个 CSR 是用 OEM 厂商私钥签名的），并发给第三方认证机构 CA。CA 收到 CSR 后用设备厂商的公钥对 CSR 的签名进行验证，通过后使用 CA 私钥为 SE 公钥生成证书签名，并发送给设备厂商，同时发送给设备厂商的还有 CA 公钥。设备厂商收到安全芯片提供商的芯片后，用其公钥对安全芯片中的预置证书进行验证，提取公钥用 PKI 算法对安全元件进行身份认证，并注入第三方 CA 生成的证书，以及 CA 公钥、对称算法管理密钥及封装密钥等。上述初始化工作完成后，将安全元件切换至工作模式。

不仅设备厂商可以使用安全元件管理密钥,对芯片中预置密钥进行替换、算法选择操作;最终用户也可以通过 SE 管理密钥在线更新密钥系统,管理 SE 工作状态。在进行密钥更新的过程中,使用封装密钥对植入密钥进行加密,保证密钥在网络及本地传输的安全。

5.3.2　安全节点的本地通信安全

安全元件与主控处理器(Host MCU)之间通常通过 I^2C 总线进行通信。某些安全元件会在 I^2C 总线上传输明文,通过简单的设备就可以监听 I^2C 总线上的明文数据,给整个设备带来了安全隐患。解决方法是在 I^2C 总线上传输遵循 ISO 7816 规范的命令格式(APDU),并采用 GP(Global Platform)的安全会话模式。在开启安全会话之前利用共享对称密钥进行双向认证以确保通信双方的合法身份;通信过程中对命令的数据域进行加密,保证信息的私密性;并对命令附加消息认证码(MAC)以确保通信内容不被篡改。

GP 是跨行业的非营利性国际标准组织、全球基于安全元件的安全基础设施统一标准的制定者。开发、制定安全元件的技术标准,以促进多应用产业环境的管理及其安全、可互操作的业务部署。GP 规范的主要内容集中在安全单元、可信执行环境和通信等领域,其成熟的技术规范是建立端到端可信业务解决方案的有效工具。

根据 GP 规范,安全通道协议有不同版本,如 SCP01、SCP02、SCP03 等,主要区别是密码算法和过程密钥生成的机制不同。下面以 SCP03 为例简要介绍安全通道与安全会话的建立和运行过程。

GP 安全会话建立在 ISO 标准的基础之上,同时拓展了安全会话的概念,包括安全传输 APDU(协议数据单元)、双向认证过程及安全通道创建。为安全元件与外部环境(这里是设备主 MCU)之间的通信提供了一个安全的环境。安全通道会话可以划分为 3 个连续的阶段。

(1)安全会话开启。在此过程中,安全元件与 MCU 交换信息以使它们能完成必要的密码功能，包括认证过程。

（2）安全会话运行。在此过程中，安全元件与 MCU 在密码的保护下进行数据交换。

（3）安全会话关闭。在安全元件与 MCU 任意一方任务无必要继续安全会话时，终止安全通道；当密码验证失败时，终止安全会话；在安全元件复位时，终止安全会话。

安全会话的开启，包含一个认证过程，可以使用对称算法认证，也可以用非对称算法认证。使用对称算法进行认证时，需要认证双方共享一组对称密钥，可以是 DES 也可以是 AES。每组密钥包含 3 个不同用途的密钥，分别用于认证、会话加密及签名，具体认证过程如图 5-19 所示。

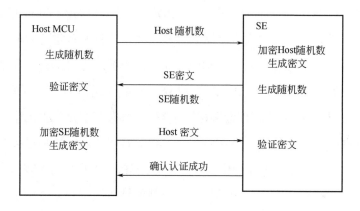

图 5-19　本地安全会话

（1）MCU 产生并发送随机数至 SE（安全元件）。

（2）SE 对接收的随机数使用会话密钥加密并返给 MCU，同时返回的还有 SE 生成的随机数。

（3）MCU 用会话密钥解密 SE 返回的密文，并与原随机数对比，若结果一致则通过对 SE 的验证；并对 SE 发来的随机数加密，密文发送给 SE。

（4）SE 用会话密钥解密收到的密文，并与原随机数比对，若结果一致则通过对 MCU 的验证。

安全会话运行，根据事先选定的安全级别，双方使用会话密钥进行安全通信。可选的安全级别包括：

（1）只认证，无消息加密，无认证码。

（2）认证，无消息加密，有认证码。

（3）认证，消息加密，有认证码。

以 SCP03 为例，双方使用 AES128 CBC 模式进行消息加密，并使用 CMAC 作为消息验证算法。

会话密钥的产生，在 SE 与 MCU 之间共享的 3 组密钥分别是用于会话加密的 Key_ENC 静态加密密钥，用于会话签名的 Key_MAC 静态签名密钥，用于对要传递的密钥进行加密的 Key_DEK 静态密钥加密密钥。每次安全会话开启时，双方需要对静态密钥进行分散，产生会话密钥，保证每次会话使用的密钥都不同。根据协议版本的不同密钥分散方式也不同，以 SCP03 版本为例，采用 CMAC 作为过程密钥的产生方式，如图 5-20 所示。

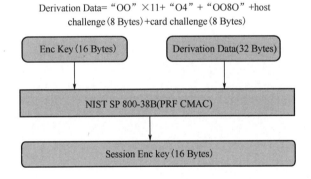

图 5-20　会话密钥产生

根据 GP 的规定，密钥传输只能以加密方式进行，不可明文传输。例如，将 AES 密钥植入 SE 中时，需要用 Key_DEK 加密，SE 收到后使用 Key_DEK 解密取得原密钥。根据 SCP03 的安全要求，弱密钥不能用来保护强密钥，如 2TDES 可以用来保护 2TDES、RSA_1024、ECC<244 密钥，但是不可以用来保护 3TDES、RSA>1024、ECC>244 密钥。

第 6 章

Chapter 6

如何构建金融支付终端

2016 年，我国共办理非现金支付业务 21251.11 亿笔，金额达 3687.24 万亿元，同比分别增长 32.64%和 6.91%[32]。由此可以看出，非现金支付越来越受到消费者的喜爱，金融支付终端作为非现金支付体系中重要的人机载体，它的安全性必然越来越受到瞩目。目前的金融支付终端可以支持磁条卡、接触式 IC 卡、射频非接触式 IC 卡、条形码和二维码等输入。

本章主要介绍当前金融支付终端的基本特征和常见形态，并从符合支付终端认证标准的角度去阐述如何构建金融支付终端。

6.1　金融支付终端概述

6.1.1　金融支付终端的基本特征

金融支付终端有各种各样的形态（见 6.1.2 节），不同形态的金融支付终端包含的硬件也不相同，不过其包含的硬件大体可以分为磁条卡阅读器、IC 卡阅读器、交易存储、语音模块、通信模块、打印机、输入键盘、入侵检测等。金融支付终端基本构架如图 6-1 所示。

1. 磁条卡阅读器

磁条卡阅读器应能够准确阅读在磁性标准正常范围内的磁道信息，并应同时读取磁条卡的第二、三磁道数据，能正确读取 2750 奥斯特的高抗磁条卡。凡符合 GB/T 14916、GB/T 15120、GB/T 15694-1、GB/T 17552 标准的磁条卡都能用磁条卡阅读器读取。刷卡方向可采用单向或双向，刷卡速度为 10～100cm/s，磁条卡阅读器寿命应达到 400000 次以上。

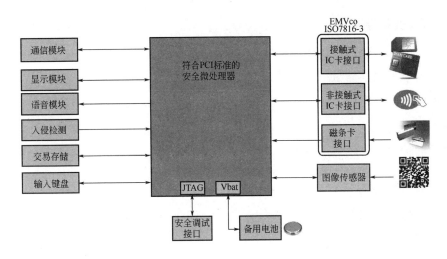

图 6-1 金融支付终端基本构架

磁条卡阅读器在读取卡号时应优先通过磁条卡的第二磁道数据读取，如第二磁道数据无法正常读取，可从第一磁道或第三磁道读取，受理方原样上传磁道信息，由发卡方判断其合法性。当磁条卡阅读器读取到磁道信息错误的卡时，应提示"重新刷卡"或"按取消键退出"字样。

2. IC 卡阅读器

IC 卡阅读器包括接触式 IC 卡阅读器和非接触式 IC 卡阅读器。

接触式 IC 卡阅读器为必选配置，用来接受用户 IC 卡插入，并与 IC 卡进行命令数据传递通信，该阅读器模块包括机械、电气和逻辑协议等部分，如 JR/T 0025.3 所示；插槽附近应具有明显标识以指示如何插入 IC 卡。如果阅读器有锁卡功能，则应保证在掉电、设备异常或交易取消时能释放 IC 卡；阅读器寿命应达到 IC 卡插拔 100000 次以上[33]。

非接触式 IC 卡阅读器为可选配置，用来接受非接触 IC 卡，并与非接触 IC 卡进行数据交互。其中，不可编程的非接触式 IC 卡阅读器的相关要求参见 JR/T 0025.11；可编程的非接触式 IC 卡阅读器的相关要求参见 Q/CUP 047.1；个人支付终端的读卡距离至少为 0～2cm；在特殊场合下，非接触式 IC 卡阅读器应提供稳固的置放平台,确保卡片不会因为滑落或者接触时间过短导致交易失败；非接触式 IC 卡阅读器应明确标识感应区域，并展示非接标识[33]。

3. 交易存储

金融支付终端应在保证完成交易功能的前提下，具有在单批次内保存 300 笔交易以上的存储量；若金融支付终端支持电子现金脱机交易，则应设置单独的内存空间存放无法正常上传和上传后返回失败应答码的交易流水，存储量在 100 笔（含）以上；对于脱机交易流水，金融支付终端宜提供与主存储器不同物理介质的备份存储机制[33]。

4. 语音模块

金融支付终端宜设置默认语音提示，如在消费扣款后（前）语音提示"××元"。

5. 通信模块

金融支付终端应支持以下部分或全部种类的通信接口。

（1）MODEM 接口：支持 V.22、V.22BIS、V.29Fast POS 等通信协议的一种或多种。

（2）移动互联网接口：支持 GPRS、CDMA、CDMA2000、TD-SCDMA、WCDMA 等协议的一种或多种。

（3）以太网接口：支持 RJ45 端口，10MB 以上通信速率。

（4）蓝牙接口：支持 2.0 及以上蓝牙传输协议。

（5）Wi-Fi 接口：支持 802.11b、802.11g 和 802.11n 这 3 种协议中的一种或多种（协议具体内容见 ISO/IEC 8802-11-1999 标准）。

（6）串行接口：支持 RS-232，波特率支持 115200B/s 或以上，8 数据位，1 停止位，无奇偶校验。

（7）通用串行总线（USB）接口：支持 USB2.0 及以上协议标准 USB 接口。

（8）模拟音频接口。

6. 打印机

打印机打印的可显示的汉字字符集应符合国家标准 GB 18030 要求，字形应符合国家标准 GB 5199 或 GB 5007.1 要求；使用模板无故障打印张数不少于 50000 张，并且符合打印效果要求；打印机可选用点阵式击打打印机或热敏纸记录式打印机。对于点阵式击打打印机，使用打印模板测试，打印速度可达到 4 行/s，至少能打印 3 联压感复写凭证。对于热敏纸记录式打印机，使用打印模板测试，每行 20 个中文字符，打印速度可达到 16 行/s，适用热敏纸宽度为 57mm±1mm[33]。

7．输入键盘

输入键盘应有 10 个数字键、若干功能键，应能够输入字母。输入键盘使用寿命应达到每键可敲击 300000 次以上；有关 IC 卡的输入键盘要求见 JR/T 0025.6—2010。

密码键盘内部包含具有加密运算处理功能的专用器件，能够完成报文加密、解密、MAC 计算和验证，满足《银联卡受理终端安全规范 第 1 卷：基础卷 第 2 部分：设备安全》（Q/CUP 007.1.2—2014）中第 3 章模块一"物理安全"、第 4 章模块二"逻辑安全"、第 5 章模块三"联机 PIN 安全"、第 6 章模块四"脱机 PIN 安全"的要求。密码键盘应能够安全地存储密钥，防止被读取；应可存储及选用多组密钥；可采用内置或外接方式成为终端整体的一部分，如采用外接方式，支持串口或者 USB 接口。输入键盘敲击部分至少应有 10 个数字键、若干功能键，功能键应至少包括清除和确认两种功能。密码键盘输出密码至显示屏，不能显示明文，只能显示星号（*）。密码键盘对外传输的信息应以密文形式进行；输入 PIN 时，按键宜不发出声音，如果按键有声音提示，则应保证每个 PIN 数字键提示音一致。密码键盘的使用寿命应保证每键可敲击 300000 次以上[33]。

8．入侵检测

金融支付终端应使用攻击检测和入侵响应机制，一旦触发入侵事件，设备立刻不可操作，立即自动清除保存的敏感数据，并且保证这些敏感数据不可被恢复。金融支付终端具备的入侵响应机制应能够抵御物理方式的侵入，包括但不限于钻孔、激光、化学腐蚀、打开盖子等，没有任何可以关闭或者使这个机制失效的方法，也不能通过植入一个 PIN-Disclosing Bug 来获取敏感信息[32]。

6.1.2 金融支付终端的常见形态

金融支付终端是指安装在特约商户，能通过与金融机构联网实现非现金消费、预授权、余额查询和转账等功能的电子设备。金融支付终端种类繁多，常见的有以下几种形态。

1. PINPAD 密码键盘

PINPAD 密码键盘（见图 6-2）是金融支付系统的重要组成部分之一，主要实现 PIN 码输入、刷卡（磁条卡、非接触式 IC 卡、接触式 IC 卡）、显示等功能，有的甚至将二维码扫描、电子签名等功能都集成进去。密码键盘和 POS 机使用 USB 或 RS232 进行连接。PINPAD 密码键盘需要通过国际 PCI 认证及国内受理终端安全评估认证，以保障金融交易的安全。

2. 传统 POS 终端

传统 POS 终端（见图 6-3）由主机、打印机、密码键盘、凭条纸几部分组成，用于满足各行各业商户受理银行卡的基本需要。传统 POS 终端一般是封闭的，无法与其他设备有效关联，也没有与外设通信的手段，是一个专业化终端，用于独立的收银体系。相对于目前的各种移动支付，传统 POS 终端理论上安全性更有保障。但是，由于传统 POS 终端采用封闭式的自有嵌入式操作系统及应用程序，不同品牌的产品、软件互不兼容，对于使用者而言，软件及应用更新难度大，服务单一，难以实现一机多用。

图 6-2 PINPAD 密码键盘   图 6-3 传统 POS 终端

3. 分体 POS 终端

分体 POS 终端（见图 6-4）类似于电话的子母机，适用于在一定范围内的移动刷卡消费。

4. 移动 POS 终端

移动 POS 终端（见图 6-5）通过手机卡进行通信，不受地域范围的影响。在有网络信号的地方，移动 POS 终端就可以使用，灵活性较高。

图 6-4　分体 POS 终端　　　　　　　　　图 6-5　移动 POS 终端

5. mobilePOS（mPOS）

随着信息技术在零售企业的广泛应用，以及第三方支付的快速成长，客户对无现金支付的需求越来越高，但是传统 POS 终端高昂的价格和复杂的申请流程限制了普通商户支持使用银行卡支付的热情。mPOS（见图 6-6）是新型支付产品，使用蓝牙与手机、平板电脑等通用智能移动设备连接，通过智能移动设备的移动互联网进行信息传输，外接设备完成卡片读取、PIN 输入、数据加/解密、提示信息显示等操作，从而实现支付功能。mPOS 和普通的移动 POS 终端的不同之处是，mPOS 可以接入智能移动设备的移动互联网进行支付，也可以利用智能移动设备便于安装使用 App 的特点，与第三方支付结合，实现账户充值、转账汇款、个人还款、订单支付、个人还贷、银行卡余额查询、彩票购买、公共缴费等应用和服务。

6. 收银 POS 终端

收银 POS 终端（见图 6-7）与收银机组合使用，支持银行卡、扫码等多种支付方式，并整合进销存管理、数据分析、营销管理等功能。

图 6-6　mPOS

图 6-7　收银 POS 终端

6.2　金融支付终端构建

金融支付终端依据不同的类型，需要采用不同的微处理器。一般来说，传统 POS 终端、分体 POS 终端、移动 POS 终端、收银 POS 终端等都需要使用处理器，可以采用单颗安全处理器芯片方案或通用处理器加安全微控制器的方案来实现；而 PINPAD 密码键盘和 mPOS 这类复杂度不高的支付终端，则只需要采用安全微控制器即可完成构建。

6.2.1　金融支付终端硬件构建

正如 6.1 节所提到的，金融支付终端种类很多，不同种类的终端所需要实现的功能有较大差异，本节主要对金融支付终端一些重要的硬件接口进行描述。

1. 阅读器接口

当前市面上使用的银行卡主要有磁条卡、金融 IC 卡（接触式 IC 卡和非接触式 IC 卡）、芯片磁条复合卡。磁条卡是在卡片上印制磁条用以记录卡号、有效期、服务代码等要素，通过读取磁条信息实现支付、转账等交易的银行卡；金融 IC 卡是以芯片为介质，采用安全芯片和密码算法保障信息和交易安全，具有信用消费、转账结算、现金存取等功能和服务的银行卡。

表 6-1 所示为金融 IC 卡和磁条卡的性能比较，从中可以看出金融 IC 卡的性能要极大地优于磁条卡。目前中国银联正在大力推广芯片卡的使用，并规定具备芯片受理能力的支付终端需要通过芯片磁条复合卡的芯片发起交易。

表 6-1　金融 IC 卡和磁条卡的性能比较

性能	金融 IC 卡	磁条卡
抗电磁干扰	可达到磁卡的 10 倍以上	差
抗静电	好	差
抗辐射	好	差
抗机械磨损	好	差
防潮防污	好	差
存储容量	可达 MB 级	几百字节
安全性	高	差
使用保护	个人密码、卡与阅读器双向认证	个人密码
卡价格	高	低

为了实现用户刷卡消费，金融支付终端必须设置阅读器接口，当前常用的阅读器接口包括接触式 IC 卡接口、非接触式 IC 卡接口和磁条卡接口。ISO 7816 标准对 IC 卡的物理接口、电气特性和传输协议做了具体的规定。

1）接触式 IC 卡阅读器

接触式 IC 卡是 IC 卡的一种，需要通过卡槽和处理器进行数据交互。虽然目前很多处理器都带有兼容 ISO 7816 的 UART 接口，利用这个 UART 和适当的其他电路即可实现处理器与 IC 卡的数据交互，但是因为目前市面上的 IC 卡种类较多，操作电压也不尽相同，并且处理器的输入输出接口直接连接 IC

卡,很难满足电流限制、短路保护及 ESD 防护的要求,故在金融支付终端中基本都使用 IC 卡接口芯片。

TDA8035 是 IC 卡和微控制器间的低成本的电气接口芯片,可以实现电流限制、短路保护和 ESD 防护,达到对卡的高等级防护。TDA8035HN 的电气特性和 NDS 的要求一致,也与 A 类、B 类和 C 类 IC 卡的 ISO 7816-3 相符。

图 6-8 所示为 TDA8035 的内部框架和外部连接框架。TDA8035 的晶体输入引脚 XTAL1 一般接到微控制器的 PWM 引脚上,由微控制器为 TDA8035 产生时钟;TDA8035 的 CLKDIV1、CLKDIV2、EN5V_3VN、EN_1.8VN 引脚接入微控制器的 GPIO,按照表 6-2 和表 6-3 来配置 IC 卡的时钟信号的频率和 V_{CC};TDA8035 的 I/OUC 引脚为数据 I/O 线,与主控制器的 UART_TX 引脚连接进行数据收发;CMDVCCN 用于激活 IC 卡,与微控制器的 GPIO 相连,低电平有效;OFFN 一般连接微控制器的 INT,与 CMDVCCN 引脚一起

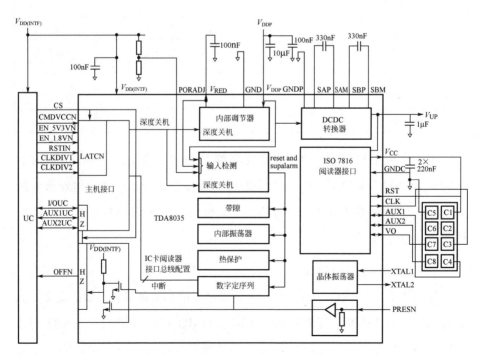

图 6-8　TDA8035 的内部框架和外部连接框架

按照表 6-4 所列用于故障状态检测；AUX1UC 和 AUX2UC 连接微控制器的 GPIO 用于控制智能卡端的 AUX1 和 AUX2；CS 引脚为 TDA8035 的选通引脚，高电平有效。

表 6-2　IC 卡时钟信号的频率

CLKDIV1	CLKDIV2	CLK
0	0	$F_{xtal}/8$
0	1	$F_{xtal}/4$
1	0	$F_{xtal}/2$
1	1	F_{xtal}

表 6-3　IC 卡电压选择

EN_5V/3VN	EN_1.8VN	V_{CC}
0	1	3.3V
1	1	5V
0	0	1.8V
1	0	1.8V

表 6-4　故障状态检测

CMDVCCN	OFFN	状态
1	1	卡插入但没有激活
1	0	卡不在
0	1	卡被激活，没有错误
0	0	检测到故障（卡停用）
↑	0	如果将 CMDVCCN 拉高，但是 OFFN 保持为低，则检测到的故障为卡移除
↑	↑	如果将 CMDVCCN 拉高，OFFN 跟随 CMDVCCN 变高，则检测到的故障不是卡移除，而是 V_{DD} 跌落或 V_{CC} 过电流或芯片过热

根据 ISO/IEC 7816-3 的规定，接触式 IC 卡的时钟信号（CLK）的频率允许的最小值为 1MHz。在冷复位和激活期间，CLK 频率允许的最大值为 5MHz；在其余工作时段，CLK 频率允许的最大值由复位应答信息中的 Fi 位段的值确定，当 Fi 默认时仍然为 5MHz。数据信号的波特率在 ISO 7816 中以它的倒数来定义，称为"基本时间单位"，缩写为"etu"。时钟频率和 etu 的关系为：

$$1\text{etu}=F_i/D_i/f$$

式中，f 是时钟频率；F_i 和 D_i 是复位应答信息中的两个位段，默认值为 $F_i=372$、$D_i=1$，在冷复位和激活期间总是使用默认值。

2）非接触式 IC 卡接口

非接触式 IC 卡又称射频卡，是最近几年较为流行的技术，它成功地将射频识别技术和 IC 卡技术结合起来，解决了供电（IC 卡中无电源）和免接触这一难题。

非接触式 IC 卡阅读器采用射频感应耦合方式向 IC 卡提供电源、传送数据，系统按 13.56MHz 的工作频率以半双工方式在阅读器与 IC 卡之间双向传递数据。阅读器将要发送的信息编码后加载在频率为 13.56MHz 的载波信号上经天线向外发送，进入阅读器工作区域的 IC 卡接收此脉冲信号，一方面 IC 卡内芯片中的射频接口模块由此信号获得电源电压、复位信号、时钟信号；另一方面 IC 卡内芯片中的有关电路对此信号进行解调、解码、解密，然后对命令请求、密码、权限等进行判断和操作，将需要返回的信息加密、编码、调制后经 IC 卡内天线发送给阅读器处理。目前，IC 卡与阅读器之间的通信方式有两种标准，即 A 类标准（ISO 14443 Type A）与 B 类标准（ISO 14443 Type B），这两种标准的主要区别在于调制和解调方法的不同，A 类标准采用 100%ASK 调制方式，而 B 类标准采用 10%ASK 调制方式。A 类标准和 B 类标准的调制方式如图 6-9 所示。

B 类标准通信方式因为采用的是 10% ASK 调制方式，信号波形始终存在，可以保证芯片在工作时永远不会失去电源供应，其内部逻辑与软件可以连续、正常地工作，不会在数据传输过程中因电源消失而必须暂停工作，这对于需要不间断运行安全算法的高安全性芯片来说的确是一个显著的优点。另外，也因为调制方式为 10%ASK，则阅读器与 IC 卡之间可以有更高的通信速率。

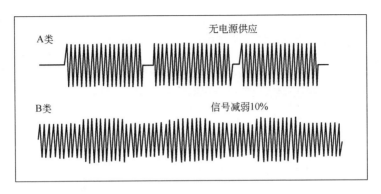

图 6-9　A 类标准和 B 类标准的调制方式

图 6-10 所示为恩智浦公司目前常用芯片 NFC 的功能比较，CLRC663 完全兼容 ISO 14443 A&B、ISO 15693、ISO 18000-3 Mode 3 及 Felica TM 标准，支持高 RF 输出功率，保证较大读取范围。对于金融支付终端而言，它只需要支持读卡功能，故 CLRC663 在金融支付终端应用中具有较高性价比。

	零功耗访问	能量收集	内嵌固件	NFC标签	ISO 14443 A&B Felica TM	ISO 15693	输出能力	NFC 模式 点对点		卡	阅读器
								ISO 18092 目标	ISO 18092 发起方		
NTAGF	读&写			标签类型 2						标签	
NTAGI²C	读&写	10mA@2V		标签类型 2						标签	
PN512				阅读器 标签类型 1,2,3,4	阅读器/写入器		3.6V 输出	主动/被动	主动/被动	卡模拟	阅读器
CLRC663				阅读器 标签类型 1,2,3,4,5	阅读器/写入器	阅读器/写入器	5V 输出		被动		阅读器
PN5180				阅读器 标签类型 1,2,3,4,5	阅读器/写入器	阅读器/写入器	5.5V 输出	主动/被动	主动/被动	卡模拟	阅读器
PN532 PN533			Yes	阅读器 标签类型 1,2,3,4	阅读器/写入器		3.6V 输出	主动/被动	主动/被动	卡模拟	阅读器
PN7120			Yes	阅读器 标签类型 1,2,3,4,5	阅读器/写入器	阅读器/写入器	3.3V 输出	主动/被动	主动/被动	卡模拟	阅读器

图 6-10　常用芯片 NFC 的功能比较

CLRC663 硬件连接如图 6-11 所示。从图 6-11 中可以看出，CLRC663 由

3 路独立电源供电 V_{DD}（供电电压）、PV_{DD}（PAD 供电电压）、TV_{DD}（发送器供电电压），如果 CLRC663 是和 3.3V 供电的微处理器相连，则 V_{DD} 和 PV_{DD} 需要使用 3.3V 供电，而 TV_{DD} 可以使用更高的电压（如 5V），可以产生更高的场强。在电路设计时，V_{DD} 和 PV_{DD} 推荐连接 $0.1\mu F$ 的退耦电容，而 TV_{DD} 推荐连接 $0.1\mu F$ 和 $1.0\mu F$ 两个电容，AV_{DD} 和 DV_{DD} 都是内部电压调节器输出引脚，不能将外部电源接入这两个引脚，推荐各接 470nF 电容。

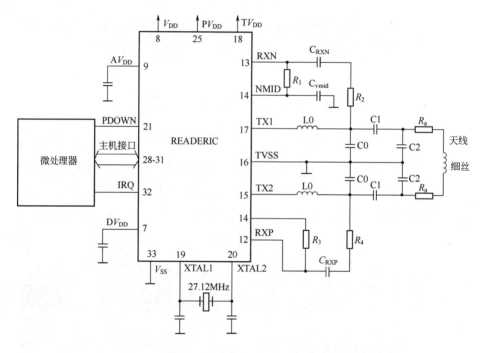

图 6-11　CLRC663 硬件连接

CLRC663 需要使用 27.12MHz 时钟，在硬件设计时可以在 XTAL1 和 XTAL2 引脚间连接 27.12MHz 的晶体，也可以在 XTAL1 引脚接入 27.12MHz 的外部时钟，一些安全微处理器有时钟输出引脚，如恩智浦的 K21 或 K81 系列芯片具备时钟输出引脚（可以将系统振荡时钟输出给其他器件使用），这样可以节省一个晶体的成本。

表 6-5 所示为 CLRC663 和微处理器通信接口选择，通过设置 IFSEL0 和 IFSEL1 两个引脚的电平可选择 CLRC663 和微处理器通信接口是 UART、SPI、

I²C 或 I²C-L, 为了实现对 IC 卡的快速操作, 在通常情况下会选择 SPI 接口方式。

表 6-5　CLRC663 和微处理器通信接口选择

引脚	引脚名称	UART	SPI	I²C	I²C-L
28	IF0	RX	MOSI	ADR1	ADR1
29	IF1	N.C	SCK	SCL	SCL
30	IF2	TX	MISO	ADR2	SDA
32	IF3	PAD_VDD	NSS	SDA	ADR2
26	IFSEL0	VSS	VSS	PAD_VDD	PAD_VDD
27	IFSEL1	VSS	PAD_VDD	VSS ·	PAD_VDD

3）磁条卡接口

银行系统的磁条卡上有 3 个磁道（见图 6-12）, 分别为磁道 1、磁道 2 和磁道 3, 而在磁道的两端分别有数据起始区（引导 0 区, 磁卡边缘向内缩约 7.44mm）和数据终止区（尾随 0 区, 磁卡边缘向内缩约 6.93mm）, 每个磁道都记录不同的信息。

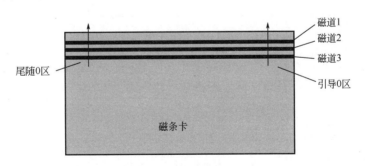

图 6-12　磁条卡磁道

磁条卡按照 ISO 7811 标准来记录数据, 按照“位”的方式进行编码。第一磁道为只读磁道, 记录密度为 210bpi, 最多可以记录 79 个字符（字母或数字）, 每个字符由 7 位组成, 包含 1 个校验位 P 和 6 个数据位；第二磁道也是只读磁道, 记录密度为 75bpi, 最多可记录 40 个数字, 使用 5 位编码方式, 包含 1 个校验位 P 和 4 个数据位；第三磁道为可读写磁道, 记录密度为 210bpi,

最多可以记录 107 个数字，同样使用 5 位编码方式，包含 1 个校验位和 4 个数据位。在银行系统中，所有的磁条卡都会使用第二磁道，第一磁道和第三磁道可依据各银行规定自行选择。

磁道上的数据是逻辑取反的，即磁道上取到的 1 实际上表示逻辑 0。将取反后得到数据的低 4 位再加上 0X30 可以得到相应 ASIC 码。磁道上的数据帧可以大体分为 6 个部分（见图 6-13），即引导冗余数据区、开始标志位、数据区、结束标志位、LRC 和冗余数据区。

引导冗余数据区	开始标志位	数据区	结束标志位	LRC	冗余数据区

图 6-13　数据帧格式

第一磁道字符长度最大为 79。表 6-6 所示为银行卡第一磁道的数据格式。

表 6-6　银行卡第一磁道的数据格式

序号	字段名称	字段长度/字节	定义	备注
1	起始标志	1	%	第一磁道起始标志
2	格式代码	1	B	
3	主账号 PAN	≤19		
4	字段分隔符	1	^	
5	姓名	2～26		持卡人姓名
6	字段分隔符	1	^	
7	失效日期	4	YYMM	如果没有指定该字段，则该字段为一个分隔符
8	服务代码	3		如果没有指定该字段，则该字段为一个分隔符
9	附加数据	可变		需要满足磁道数据≤79
10	结束标志	1	?	第一磁道结束标志
11	LRC	1		
12	备用数据	13		空格填空

第二磁道字符长度最大为 40，表 6-7 所示为银行卡第二磁道的数据格式。

表 6-7　银行卡第二磁道的数据格式

序号	字段名称	字段长度/字节	定义	备注
1	起始标志	1	;	第二磁道起始标志
2	主账号 PAN	≤19		
3	字段分隔符	1	=	
4	失效日期	4	YYMM	如果没有指定该字段，则该字段为一个分隔符
5	服务代码	3		如果没有指定该字段，则该字段为一个分隔符
6	附加数据	可变		需要满足磁道数据≤40
7	结束标志	1	?	第二磁道结束标志
8	LRC	1		

第三磁道共 113 个字符，其中 107 位是银行卡第三磁道数据最大长度。表 6-8 所示为银行卡第三磁道的数据格式。

表 6-8　银行卡第三磁道的数据格式

序号	字段名称	字段长度/字节	定义	备注
1	起始标志	1	;	第三磁道起始标志
2	格式代码	2	99	
3	主账号 PAN	16		16 位卡号
4	字段分隔符	1	=	
5	国家代码	3	156	3 个数字表明银行卡产生交易的国家

续表

序号	字段名称	字段长度/字节	定义	备注
6	货币代码	3		3 个数字表明结算时使用的货币类型
7	金额指数	1		周期授权量与本周期余额的基值
8	周期授权量	4		表明一个周期内累积交易不能超过的金额
9	本周期余额	4		当前周期的余额
10	周期开始日	4	MMDD	周期开始日期
11	周期长度	2		
12	密码重输次数	1		允许未成功输入密码次数
13	个人授权控制参数	6		
14	交换控制符	1		表明银行卡适用于交换的范围
15	PAN 的 TA 和 SR	2		定义 PAN 账户类型和可提供的服务
16	SAN-1 的 TA 和 SR	2		
17	SAN-2 的 TA 和 SR	2		
18	失效日期	4	YYMM	
19	卡序列号	1		
20	卡保密号	1		
21	SAN-1	8		第 1 个可选用的辅助账号
22	字段分隔符	1	=	
23	SAN-2	8		第 2 个可选用的辅助账号
24	字段分隔符	1	=	
25	传递标志	1		
26	加密校验数	6		

续表

序号	字段名称	字段长度/字节	定义	备注
27	附加数据	可变		应使磁道数据≤113
28	结束标志	1	?	
29	LRC	1		
30	备用数据	19		空格填充

下面以第二磁道的数据为例进行说明。

第二磁道的数据字节由 5 位构成，可以表示为 p1、s4、s3、s2、s1，其中，p1 表示奇偶校验位，s1~s4 表示数据位，一共可以表示 16 种字符，在这些字符当中含有 10 个阿拉伯数字和 6 个其他字符。

以磁卡轨道信息"123"为例说明：

  "000…000" 大约 22 个 0 位

  "11010" 起始帧"B" （01011）

  "10000" 用户数字"1" （00001）

  "01000" 用户字符"2" （00010）

  "11001" 用户字符"3" （10011）

  "11111" 结束帧"F" （11111）

  "00100" LRC 校验帧 （00100）

  "00…000" 最少 22 个 0 位

冗余数据区不含有效数据，只用作磁道数据的同步，由若干的数据 1 组成，取反后全为数据 0。一般在软件译码时，只有当检测到出现 5 位连续数据 1（表示逻辑 0）的冗余数据时，才认为磁道已经开始。开始标志位，磁道上的数据是 10100，取反后是 01011，值为 0x0B，加上 0x30 后为字符";"。数据区包含主账号、字段分隔符、失效日期、服务代码、附加数据。其译码方式与开始标志位相同。结束标志位值为 0x1F，其转化成 ASCⅡ码为字符"？"。LRC（纵向冗余校验位）为磁道上各字符的异或和。刷卡方向不定，可能为正向刷卡或者反向刷卡，所以在判断有效数值时以磁道上第一个 0（取反为 1）为标志，这是因为无论是开始标志位 0x0B，还是结束标志位 0xlF，其第一个有效位都是 0（取反为 1）。

磁条卡信息的读写都是由磁头来完成的（本书主要介绍的是刷卡读信息部分，不涉及信息写入），具体操作是将磁轨贴近磁路间隙，且磁轨以一定的速度通过磁头，使磁头磁路有磁通变化。根据电磁感应定律，磁头线圈产生感应电势，即磁轨上的磁信号转变成电信号，磁头线圈两端产生电压信号，通过二进制译码读出磁条卡上的信息。图 6-14 所示为磁条卡信息读电路。读电路由磁头、滤波放大电路、整形电路和 CPU 解码构成。

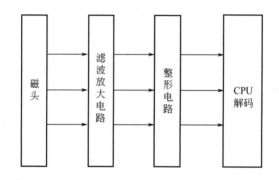

图 6-14　磁条卡信息读电路

磁头由软磁性磁芯、线圈、和路间隙 3 部分组成，它将磁道上的磁信号转变成电信号。

滤波放大电路将磁头输出的信号滤波和放大，以得到较好质量的信号。F2F 滤波放大后的信号波形如图 6-15 所示。

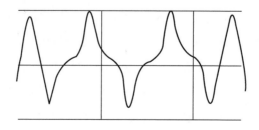

图 6-15　F2F 滤波放大后的信号波形

整形电路将滤波放大后的信号整形成 F2F 数字信号，可以设计一个迟滞比较电路来实现。整个电路的目的是将磁头上微弱的电信号放大滤波并整形后，输出 F2F 数字信号送到 CPU 进行解码。整形后的 F2F 数字信号如图 6-16 所示。

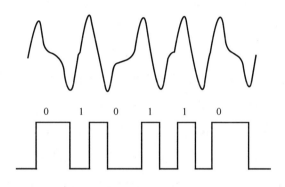

图 6-16 整形后的 F2F 数字信号

磁条卡的接口设计较为复杂，当前很多公司推出了专门的解码芯片，MH1641 是兆讯恒达微电子公司生产的芯片。图 6-17 所示为磁条卡接口芯片连接电路，微处理器通过 2 个 I/O 口与 MH1641 的 DATA 和 STROBE 连接。

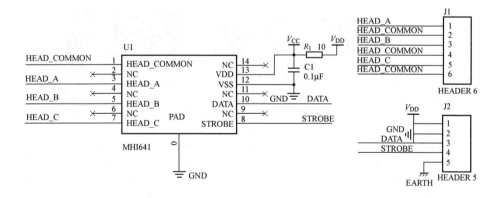

图 6-17 磁条卡接口芯片连接电路

2. 图像传感器接口

随着社会的发展，支付手段正在经历从现金到信用卡再到移动支付的变化，二维码支付作为移动支付的主力军，凭借方便、快捷的客户体验，在支付领域得到了广泛应用。

二维码又称二维条码，即在二维平面上排列的、特定的信息几何图案，扫码设备使用图像传感器获得图像信息，使用解码算法可解得二维码中包含的信息，将二维码中包含的信息与用户的账户信息绑定，即可实现二维码支付。

二维条码/二维码可以分为堆叠式/行排式二维条码和矩阵式二维条码。堆叠式/行排式二维条码是由多行短截的一维条码堆叠而成的，代表性的堆叠式/行排式二维条码有 Code 16K、Code 49、PDF417 等；矩阵式二维条码以矩阵的形式组成，在矩阵相应元素位置上用"点"表示二进制"1"，用"空"表示二进制"0"，由"点"和"空"的排列组成代码，具有代表性的矩阵式二维条码有 Code One、Maxi Code、QR Code、Data Matrix 等。表 6-9 所示为常用二维码的比较。

表 6-9 常用二维码的比较

二维码种类	QR Code	PDF417	Data Matrix	Maxi Code
图案				
类型	矩阵	组合	矩阵	矩阵
数字	7089	2710	3116	138
字母	4296	1850	2355	93
二进制数（8 位）	2953	1018	1556	
中文汉字	984（utf-8）1800（BIG5）	500		
用途	金融支付、工业自动化生产线管理等方面	国防、公共安全、交通运输、医疗保健、工业、商业、金融、海关及政府管理等领域	表单、安全保密、追踪、证照、存货盘点、资料备援等方面	包裹分类、追踪作业等

不管是一维码还是二维码，我们都可以通过在安全微处理器中运行相应的图像识别算法进行识别，安全微处理器需要使用 CSI/MIPI 接口同外部摄像头连接，图 6-18 所示为 OV7725 的 CSI 接口连接电路。对于带有 CSI/MIPI 接口的安全微处理器，可以直接利用该接口与外部的摄像头连接；对于不具备 CSI/MZPI 接口的安全微控制器（如 K81），可以使用该控制器的 FlexIO 模块来实现 CSI 的功能。

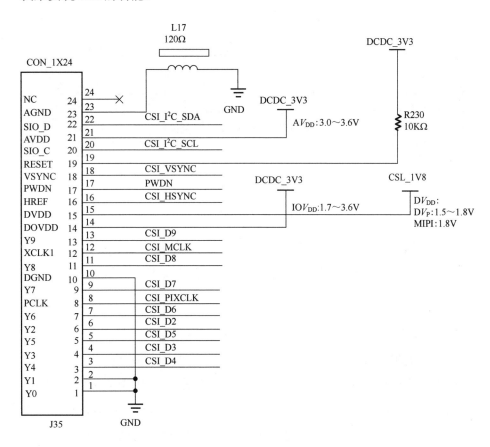

图 6-18　OV7725 的 CSI 接口连接电路

3．入侵检测电路

金融支付终端必须具有入侵检测机制，安全微处理器一般须具备静态、动态、温度、频偏、电压等入侵检测防护机制。图 6-19 为入侵检测防护示意，图中使用动态防护机制，TAMPER1 引脚输出动态波形，TAMPER2 引脚接收该动态波形，如果发现接收的波形与发送的波形存在偏差，则认为检测到入侵事件，安全微处理器的入侵检测模块自动将存在于安全区域的敏感信息清除，即使 CPU 部分休眠或断电。因为此部分内容对于安全处理器来说为机密信息，在此仅进行简单介绍，如需要详细信息请咨询芯片公司的专业人士。

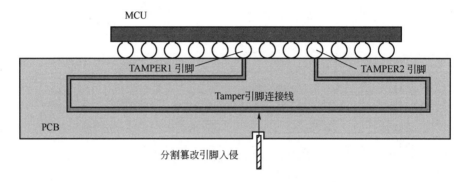

图 6-19　入侵动态检测示意

相应的静态 tamper 引脚上最好外接大阻值的上拉/下拉电阻，因为芯片内部的 pull-up/pull-down 的阻值一般不会很大，会造成 VBAT 耗电过大、备用电池寿命缩短的问题。

4. 备用电池连接

如图 6-20 所示，备用电池接入芯片 VBAT 引脚前最好串联一个电阻，以避免后端短路造成电池直接放电带来的安全隐患，电阻值的大小需要由 VBAT 的耗电决定，阻值太大会造成压降过高，会影响芯片实时时钟和安全模块的运行。另外，在做 PCB 设计时需要充分考虑 VBAT 引脚受干扰的情况，特别是射频器件的干扰，如果在 VBAT 引脚上存在干扰脉冲，则可能会触发攻击事件，建议从纽扣电池到 VBAT 引脚的走线尽量短，并尽可能远离无线通信天线。

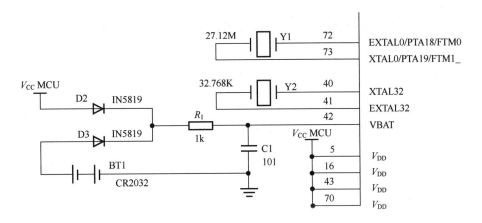

图 6-20　备用电池连接 VBAT 引脚示意

6.2.2　金融支付终端软件构建

正如上一节所提到的，金融支付终端有很多种类，不同种类的金融支付终端所需要实现的功能和对安全微处理器的要求也有差异，下面就以目前市面上销量最大的终端——mPOS 为例来介绍金融支付终端软件的构建。图 6-21 所示为恩智

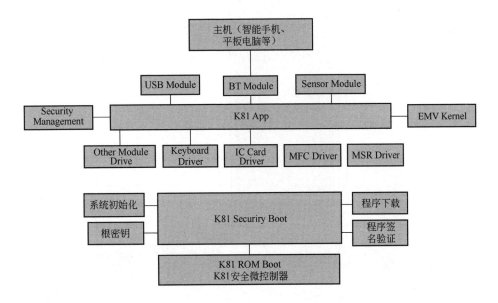

图 6-21　恩智浦 mPOS 参考设计软件架构

浦 mPOS 参考设计软件架构。mPOS 参考设计是基于恩智浦 Kinetis K81F 安全微控制器设计的，里面使用了恩智浦 IC 卡接口芯片 TDA8035 和 NFC 接口芯片 CLRC663，它通过蓝牙模块和手机等智能设备通信。

K81 Security Boot 是安全的 Bootloader，它除实现基本的 Boot 功能外，还需要对下载的应用代码进行签名验证，以保证在本设备运行的代码是安全可靠的，另外也需要管理入侵检测时间和安全存储。Security Boot 代码可以通过 K81 芯片自带的 ROM Boot 烧写。

Security Boot 运行在地址 0x00002000 和 0x0000a000 之间，RSA 的公钥存放在地址 0x0000a000 和 0x0000c000 之间，向量表起始地址为 0x00000000。应用程序及应用程序中断向量表存放在地址 0x0000c000+0x110 之后，如图 6-22 所示。

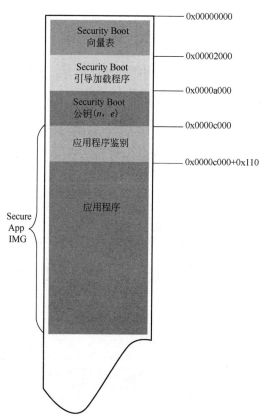

图 6-22　mPOS 参考设计软件运行地址分布

Security Boot 的链接描述文件如下，需要保证__stack_size__和__heap_size__的大小要足够使用。

```
define symbol m_text_start= 0x00002000;
define symbol m_text_end= 0x0000A000;
define symbol m_interrupts_ram_start= 0x1FFF0000;
define symbol m_interrupts_ram_end= 0x1FFF0000 + __ram_vector_table_offset__;

define symbol m_data_start= m_interrupts_ram_start + __ram_vector_ table_size__;
define symbol m_data_end= 0x1FFFFFFF;


/*-Sizes-*/
if (isdefinedsymbol(__stack_size__)){
   define symbol __size_cstack__ = __stack_size__;
} else {
   define symbol __size_cstack__ = 0x4000;
}


if (isdefinedsymbol(__heap_size__)) {
   define symbol __size_heap__ = __heap_size__;
} else {
   define symbol __size_heap__ = 0x4000;
}
```

K81 App 的链接描述文件如下，需要保证__stack_size__和__heap_size__的大小要足够使用。

```
   /*-Specials-*/
define symbol __SECURE_IMG_ADDRESS= 0x110;
define symbol __App_IMG_ADDRESS= 0x0000C000;
```

```
define symbol __ICFEDIT_intvec_start__ = __APP_IMG_ADDRESS +
__SECURE__IMG_ADDRESS;


define symbol __ram_vector_table_size__ =  isdefinedsymbol
(__ram_vector_table__) ? 0x00000400 : 0;
define symbol __ram_vector_table_offset__ =  isdefinedsymbol
(__ram_vector_table__) ? 0x000003FF : 0;


define symbol m_interrupts_start= __ICFEDIT_intvec_start__;
define symbol m_interrupts_end= __ICFEDIT_intvec_start__ + 0x000003FF;


define symbol m_flash_config_start=__ICFEDIT_intvec_start__+ 0x00000400;
define symbol m_flash_config_end= __ICFEDIT_intvec_start__ + 0x0000040F;


define symbol m_text_start= __ICFEDIT_intvec_start__ + 0x00000410;
define symbol m_text_end= 0x0003FFFF;


define symbol m_interrupts_ram_start= 0x1FFF0000;
define symbol m_interrupts_ram_end= 0x1FFF0000 + __ram_vector_table_offset__;


define symbol m_data_start= m_interrupts_ram_start +__ram_vector_table_size__;
define symbol m_data_end= 0x1FFFFFFF;


define symbol m_data_2_start= 0x20000000;
define symbol m_data_2_end= 0x2002FFFF;


/* Sizes */
```

```
if （isdefinedsymbol(__stack_size__)){
    define symbol __size_cstack__ = __stack_size__;
} else {
    define symbol __size_cstack__ = 0x0400;
}


if （isdefinedsymbol(__heap_size__)){
    define symbol __size_heap__ = __heap_size__;
} else {
    define symbol __size_heap__ = 0x0400;
}
```

K81 App 是系统的应用程序，实现对 K21 安全微控制器各外设模块的初始化和驱动，监测整个系统的运行状态及管理各功能模块，以及通过签名验证后安装的应用代码。

Security Management 是整个系统的逻辑安全部分，利用芯片的内存映射加密加速单元——mmCAU 和 LTC 模块实现各种安全算法，包括 RSA2048、DES、3DES、AES128、SHA1、SHA256 及 SM1/SM2/SM3/SM4 等，恩智浦公司提供 SECLIB 库供客户使用，下面为使用 SECLIB 库实现 AES 算法的示例程序。

```
/* padding in PKCS7 mode   */
void add_padding_pkcs(unsigned char *output, uint32_t output_len, uint32_t data_len)
{
    uint32_t padding_bytes = output_len - data_len;
    unsigned char i;
    for( i = 0; i < padding_bytes; i++ )
        output[data_len + i] = (unsigned char) padding_bytes;
}
```

```
int get_padding_pkcs( unsigned char *input，uint32_t input_len，uint32_t *data_len )
{
    uint32_t I, pad_idx;
    unsigned char padding_bytes, bad = 0;
    if( NULL == input || NULL == data_len )
        return( SECLIB_ERR_SYMMETRIC_BAD_INPUT_DATA) ;
    padding_bytes = input[input_len - 1] ;
    *data_len = input_len - padding_bytes;
    bad |= padding_bytes > input_len;
    bad |= padding_bytes == 0;
    pad_idx = input_len - padding_bytes;
    for( i = 0; i < input_len；i++ )
        bad |= ( input[i] ^ padding_bytes ) * ( i >= pad_idx) ;
    if（bad） {
        return( SECLIB_ERR_SYMMETRIC_INVALID_PADDING) ;
    }
    return 0;
}
int aes_init( symmetric_ctx_t *ctx )
{    return symmetric_init(ctx，SECLIB_SYMMETRIC_ALG_AES) ;}
void aes_deinit( symmetric_ctx_t *ctx )
{
    //symmetric_deinit(ctx) ;
    Memset( ctx, 0, sizeof( ctx ) ) ;
}
int aes_start_crypt( symmetric_ctx_t *ctx, int mode, int operation, const uint8_t *key,
uint32_t key_size，uint8_t * init_iv_counter)
{
```

```
    int ret;
    symmetric_reset( ctx ) ;
    if (init_iv_counter != NULL)
        SECLIB_CHK(ymmetric_set_iv_counter(ctx, init_iv_counter, LTC_AES_IV_SIZE) ) ;
    if (operation == AES_ENCRYPT)
        ret = symmetric_start(ctx, mode, key, key_size, SECLIB_SYMMETRIC_OPERATION_
ENCRYPT) ;
    else

        ret=symmetric_start(ctx,mode,key,key_size,SECLIB_SYMMETRIC_OPERATION_DECRYPT) ;
    //if(mode == SECLIB_SYMMETRIC_MODE_CBC) {    // default use no padding
    //      symmetric_set_padding_mode(ctx, add_padding_pkcs，get_padding_pkcs) ;
    //}
check_exit:
    return ret;
    }


    /* aes ecb encrypt/decrypt */
    int aes_crypt_ecb(symmetric_ctx_t *ctx, const unsigned char * input，uint32_t ilen,
unsigned char * output, uint32_t *olen)
    {
    int ret;
    // check ctx not NULL
    if(ctx == NULL)
        return −1;
    // check ctx mode, alg
    if((ctx->mode!=SECLIB_SYMMETRIC_MODE_ECB)||(ctx->alg!=SECLIB_S
YMMETRIC_ALG_AES) )
```

```
            return -1;
        SECLIB_CHK(symmetric_update(ctx, input, ilen, output, olen)) ;
        check_exit:
        return(ret) ;
}
/* aes cbc encrypt/decrypt */
int aes_crypt_cbc(symmetric_ctx_t *ctx, unsigned char iv[16], const unsigned char *input,
uint32_t ilen, unsigned char *output, uint32_t * olen)
{
        int ret;
        // check ctx not NULL
        if(ctx == NULL)
            return -1;
        // check ctx mode, alg

    if((ctx->mode!=SECLIB_SYMMETRIC_MODE_CBC)||(ctx->alg!=SECLIB_SYMMETRIC
    _ALG_AES) )
            return -1;
        SECLIB_CHK(symmetric_update （ctx, input, ilen, output, olen)) ;
        // get intermediate iv
        if (*olen != 0)
            memcpy(iv, ctx->iv_counter, LTC_AES_IV_SIZE) ;
        check_exit:
        return(ret) ;
}
/* aes ctr encrypt/decrypt */
int aes_crypt_ctr(symmetric_ctx_t *ctx,
        const unsigned char *input,
```

```
        uint32_t ilen,

        unsigned char *output，uint32_t * olen)

{

    int ret;
    // check ctx not NULL
    if(ctx == NULL)
            return -1;
    // check ctx mode, alg
    if((ctx->mode!=SECLIB_SYMMETRIC_MODE_CTR)||(ctx->alg!=SECLIB_SYMMETRIC_
ALG_AES))
            return -1;
    SECLIB_CHK(symmetric_update(ctx, input, ilen, output, olen)) ;
    // get intermediate counter , todo
    check_exit:
    return(ret) ;

}
int aes_end_crypt (symmetric_ctx_t *ctx, unsigned char *input，uint32_t ilen, unsigned char
*output, uint32_t * olen)
{

    int ret = 0;
    uint32_t last_olen = 0;
    // check ctx mode, alg
    if (ctx->alg != SECLIB_SYMMETRIC_ALG_AES)
        return -1;
    if(olen != NULL)
            *olen = 0;
    if (input != NULL) {
            SECLIB_CHK(symmetric_update(ctx, input, ilen, output, olen)) ;
```

```
        }
        if ((output != NULL) && (olen != NULL)) {
            SECLIB_CHK（symmetric_final(ctx, NULL, 0, output + (*olen), &last_olen))；
            *olen += last_olen;
             if (ctx->mode == SECLIB_SYMMETRIC_MODE_CTR) {
                 if (*olen != ilen) {
                     ret = -1;
                 }
            }
        }
    check_exit:
    symmetric_deinit(ctx);
    return(ret);
}
```

USB Module 可以通过检测 VBUS 来实现在 Host 和 Device 间的动态切换，作为 Host 允许外接 MSD 设备；作为 Device 将实现 HID 功能，允许用户通过 USB 升级程序。

下面为 Device 的 HID 描述符。

```
uint8_t g_UsbDeviceDescriptor[USB_DESCRIPTOR_LENGTH_DEVICE] = {
    USB_DESCRIPTOR_LENGTH_DEVICE，/* Size of this descriptor in bytes */
    USB_DESCRIPTOR_TYPE_DEVICE，    /* DEVICE Descriptor Type */
    USB_SHORT_GET_LOW(USB_DEVICE_SPECIFIC_BCD_VERSION),
    /* USB Specification Release Number in Binary-Coded Decimal (i.e., 2.10 is 210H). */
    USB_SHORT_GET_HIGH(USB_DEVICE_SPECIFIC_BCD_VERSION),
    USB_DEVICE_CLASS, /* Class code (assigned by the USB-IF). */
    USB_DEVICE_SUBCLASS, /* Subclass code (assigned by the USB-IF). */
    USB_DEVICE_PROTOCOL, /* Protocol code (assigned by the USB-IF). */
    /* Maximum packet size for endpoint zero
```

(only 8，16，32，or 64 are valid) */

  USB_CONTROL_MAX_PACKET_SIZE,

  0xA2U，0x15U, /* Vendor ID (assigned by the USB-IF) */

   0x7FU，0x00U, /* Product ID (assigned by the manufacturer)*/

  USB_SHORT_GET_LOW(USB_DEVICE_DEMO_BCD_VERSION),

   /* Device release　number in binary-coded decimal */

  USB_SHORT_GET_HIGH(USB_DEVICE_DEMO_BCD_VERSION),

  0x01U，/* Index of string descriptor describing manufacturer */

  0x02U，　/* Index of string descriptor describing product */

  0x00U，　/* Index of string descriptor describing the device's serial number */

  USB_DEVICE_CONFIGURATION_COUNT，　/* Number of possible configurations */

};

 MSD 输入输出接口函数如下。

DSTATUS disk_status(BYTE pdrv /* Physical drive nmuber to identify the drive */);

DSTATUS disk_initialize(BYTE pdrv /* Physical drive nmuber to identify the drive */);

DRESULT disk_read(BYTE pdrv,　　/* Physical drive nmuber to identify the drive */

                  BYTE *buff,　　/* Data buffer to store read data */

                  DWORD sector，/* Sector address in LBA */

                  UINT count　　/* Number of sectors to read */);

DRESULT disk_write(BYTE pdrv,　　　　/* Physical drive nmuber to identify the drive */

                  const BYTE *buff，/* Data to be written */

                  DWORD sector，　　/* Sector address in LBA */

                  UINT count　　　　/* Number of sectors to write */);

DRESULT disk_ioctl(BYTE pdrv，/* Physical drive nmuber (0..) */

                  BYTE cmd，　/* Control code */

                  void *buff /* Buffer to send/receive control data */);

BT Module 实现 K81 芯片和蓝牙模块间的 UART 通信；mPOS 可以通过蓝牙模块和智能设备进行通信，利用智能设备的蜂窝网络或 Wi-Fi 通道，从而实现和后台通信。

IC Card Driver 实现接触式 IC 卡的访问，它将初始化支持 ISO 7816 标准的 UART 模块，利用 FTM 产生时钟提供给外部 IC 卡接口芯片——TDA8035，也可通过 GPIO 来设置 TDA8035；利用一个 IO 口来检测 IC 卡是否插入，从而激活或停用 IC 卡。

smartcard_phy_tda8035_InterfaceClockInit 函数为 TDA8035 的时钟配置函数，使用 FTM 产生 PWM 信号提供给 TDA8035。

```
static  uint32_t  smartcard_phy_tda8035_InterfaceClockInit(void  *base ,  smartcard_interface_
config_t const *config,  uint32_t srcClock_Hz)

{ assert((NULL != config));

#if defined(FSL_FEATURE_SOC_EMVSIM_COUNT)&&(FSL_FEATURE_SOC_
EMVSIM_COUNT)

        assert(config->clockModule < FSL_FEATURE_SOC_EMVSIM_COUNT);

        uint32_t emvsimClkMhz = 0u;

        uint8_t emvsimPRSCValue;

        /* Retrieve EMV SIM clock */

        emvsimClkMhz = srcClock_Hz / 1000000u;

        /* Calculate MOD value */

        emvsimPRSCValue = (emvsimClkMhz * 1000u) / (config->smartCardClock / 1000u);

        /* Set clock prescaler */

        ((EMVSIM_Type*)base0->CLKCFG=(((EMVSIM_Type*)base)->CLKCFG&
~EMVSIM_CLKCFG_CLK_PRSC_MASK)EMVSIM_CLKCFG_CLK_PRSC(emvsimPRSC
Value);

        return config->smartCardClock;

    #elseif   defined(  FSL_FEATURE_SOC_FTM_COUNT)   &&   (FSL_FEATURE_SOC_FTM_
COUNT)
```

```
assert( config->clockModule < FSL_FEATURE_SOC_FTM_COUNT);

uint32_t periph_clk_mhz = 0u;

uint16_t ftmModValue;

uint32_t ftm_base[] = FTM_BASE_ADDRS;

FTM_Type *ftmBase = (FTM_Type *)ftm_base[config->clockModule];

/* Retrieve FTM system clock */

periph_clk_mhz = srcClock_Hz / 1000000u;

/* Calculate MOD value */

ftmModValue = ((periph_clk_mhz * 1000u / 2u) / (config->smartCardClock / 1000u)) - 1u;

/* un-gate FTM peripheral clock */

switch (config->clockModule)

{

    case 0u：

        CLOCK_EnableClock(kCLOCK_Ftm0); break;

        #if FSL_FEATURE_SOC_FTM_COUNT > 1

    case 1u：

        CLOCK_EnableClock(kCLOCK_Ftm1) ; break;

#endif

#if FSL_FEATURE_SOC_FTM_COUNT > 2

    case 2u：

        CLOCK_EnableClock(kCLOCK_Ftm2) ;break;

#endif

#if FSL_FEATURE_SOC_FTM_COUNT > 3

    case 3u：

        CLOCK_EnableClock(kCLOCK_Ftm3) ;break;

#endif

    Default:

        return 0u;
```

```
}
/* Initialize FTM driver */
/* Reset FTM prescaler to 'Divide by 1', i.e., to be same clock as peripheral clock
* Disable FTM counter, Set counter to operates in Up-counting mode */
ftmBase->SC &= ~(FTM_SC_PS_MASK |FTM_SC_CLKS_MASK| FTM_SC_CPWMS_MASK);
    /* Set initial counter value */
    ftmBase->CNTIN = 0u;
    /* Set MOD value */
    ftmBase->MOD = ftmModValue;
    /* Configure mode to output compare, toggle output on match */
    ftmBase->CONTROLS[config->clockModuleChannel].CnSC                          =
(FTM_CnSC_ELSA_MASK | FTM_CnSC_MSA_MASK);
        /* Configure a match value to toggle output at */
        ftmBase->CONTROLS[config->clockModuleChannel].CnV = 1;
        /* Re-calculate the actually configured smartcard clock and return to caller */
        return (uint32_t)(((periph_clk_mhz * 1000u / 2u) / (ftmBase->MOD + 1u)) * 1000u);
#else
        return 0u;
#endif
    }
```

SMARTCARD_PHY_TDA8035_Init 函数为 TDA8035 的初始化函数。

```
status_t SMARTCARD_PHY_TDA8035_Init(void *base，smartcard_interface_config_t
const *config，uint32_t srcClock_Hz)
{
    if ((NULL == config) || (0u == srcClock_Hz))
    {
        return kStatus_SMARTCARD_InvalidInput;
```

```
    }


    /* Configure GPIO(CMDVCC, RST, INT, VSEL0, VSEL1) pins */

    uint32_t gpio_base[] = GPIO_BASE_ADDRS;

    IRQn_Type port_irq[] = PORT_IRQS;

    /* Set VSEL pins to low level context */

    ((GPIO_Type *)gpio_base[config->vsel0Port])->PCOR |= (1u << config->vsel0Pin) ;

    ((GPIO_Type *)gpio_base[config->vsel1Port])->PCOR |= (1u << config->vsel1Pin) ;

    /* Set VSEL pins to output pins */

    ((GPIO_Type *)gpio_base[config->vsel0Port])->PDDR |= (1u << config->vsel0Pin) ;

    ((GPIO_Type *)gpio_base[config->vsel1Port])->PDDR |= (1u << config->vsel1Pin) ;

#if defined(FSL_FEATURE_SOC_EMVSIM_COUNT) &&

    (FSL_FEATURE_SOC_ EMVSIM_

COUNT)

    /* Set CMD_VCC pin to logic level '1'，to allow card detection interrupt from NCN8025 */

    （（EMVSIM_Type＊）base）->PCSR |= EMVSIM_PCSR_SVCC_EN_MASK；

    （（EMVSIM_Type＊）base）->PCSR &= ~EMVSIM_PCSR_VCCENP_MASK；

#else

    /* Set RST pin to zero context and CMDVCC to high context */

    ((GPIO_Type *)gpio_base[config->resetPort]) ->PCOR |= (1u << config->resetPin) ;

    ((GPIO_Type *)gpio_base[config->controlPort])->PSOR |= (1u << config->controlPin) ;

    /* Set CMDVCC，RESET pins as output pins */

    ((GPIO_Type *)gpio_base[config->resetPort])->PDDR |= (1u << config->resetPin) ;

    ((GPIO_Type *)gpio_base[config->controlPort])->PDDR |= (1u << config->controlPin);


#endif

    /* Initialize INT pin */

    ((GPIO_Type *)gpio_base[config->irqPort])->PDDR &= ~(1u << config->irqPin);
```

```
/* Enable Port IRQ for smartcard presence detection */
NVIC_EnableIRQ(port_irq[config->irqPort]);
/* Smartcard clock initialization */
if (config->smartCardClock!=smartcard_phy_tda8035_InterfaceClockInit
(base，config，srcClock_Hz))
{
    return kStatus_SMARTCARD_OtherError；
}
return kStatus_SMARTCARD_Success；
}
```

另外，函数 SMARTCARD_PHY_TDA8035_Activate 实现 IC 卡的激活，函数 SMARTCARD_PHY_TDA8035_Deactivate 实现 IC 卡停用。

NFC Driver 实现非接触式 IC 卡的访问，它将通过 SPI 接口和 NFC 芯片——CLRC663 连接，实现对 CLRC663 寄存器的读写访问，恩智浦公司提供了 NFC 的非接触式操作函数库。图 6-23 所示为 CLRC663 非接触式操作库。

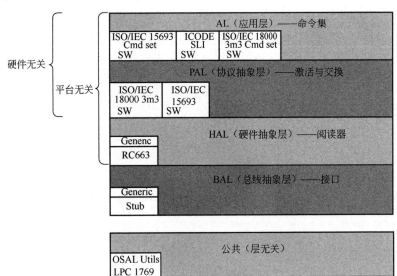

图 6-23　CLRC663 非接触式操作库

　　MSR Driver 配置 GPIO 与兆讯恒达的磁条卡接口芯片连接，实现扫描原始数据、解析数据、过滤虚假位、检查奇偶校验等功能。

　　如下代码为原始数据扫描程序。

```
_mqx_int msr_scan_raw_data
(        /* Pointer to card data */
    CARD_DATA_PTR card_data_ptr ,
     /* [IN] where the raw characters have been stored */
       char      *data_ptr,
       /*[IN] length of data in data_ptr*/
       uint16_t length，
     /* track read as informed by user */
     TRACK track)
{
    TRACK current_track;
    READ_DIRECTION informed_direction = card_data_ptr->informed_direction;
    uint64_t data;
    uint64_t temp_data;
    int i = 0;
    int retval;
    uint8_t bits_in_data;
    uint8_t chars_count = 0; ;
    uint8_t track_char;
    uint8_t *temp = (uint8_t *)data_ptr;
    if((*temp == 0x00) && (*(temp + 1) == 0xc0))
    {     temp +=2; }
    else
    {     return MQX_ERROR; }
    if(informed_direction == FORWARD)
```

```c
{
if (track == TRACK_A)
{
    data = 0;
    bits_in_data = 0;
    while((((*temp) & (0x00ff)) !=0xc0) && (chars_count <=TRACK_A_MAX_CHARS))
    {
        temp_data = ((uint64_t) ((*temp++) & 0xff )<<bits_in_data) ;
        data |= temp_data;
        bits_in_data += 8;
        temp_data = ((uint64_t) ((*temp++) & 0xff )<<bits_in_data) ;
        data |= temp_data;
        bits_in_data += 8;
        temp_data = ((uint64_t) ((*temp++) & 0xff )<<bits_in_data) ;
        data |= temp_data;
        bits_in_data += 8;
        temp_data = ((uint64_t) ((*temp++) & 0xff )<<bits_in_data) ;
        data |= temp_data;
        bits_in_data += 8;
        temp_data = ((uint64_t) ((*temp++) & 0xff )<<bits_in_data) ;
        data |= temp_data;
        bits_in_data += 8;
        temp_data = ((uint64_t) ((*temp++) & 0xff )<<bits_in_data) ;
        data |= temp_data;
        bits_in_data += 8;
        temp_data = ((uint64_t) ((*temp++) & 0xff )<<bits_in_data) ;
        data |= temp_data;
        bits_in_data += 8;
```

```
/*while we read first time，we need to filter spurious bits*/
if(chars_count == 0)
{
retval = msr_filter_spurious_bits(data，FORWARD，TRACK_A)；
if(retval == -1){
   return MQX_ERROR;
}   }
/*Now correct data to remove spurious bits*/
data = data>>retval;
bits_in_data -= retval;
retval = 0;
/*Extract char bits from the data*/
while(bits_in_data >= 7)
{
   track_char = data & 0x7F;
   data = data >> 7;
   bits_in_data -=7;
   card_data_ptr->track_chars.track_a_chars[chars_count] = track_char;
   chars_count++;
} } }
else if (track == TRACK_B)
{
   data = 0;
   bits_in_data = 0;
   while((*temp !=0xc0) && (chars_count <=TRACK_B_MAX_CHARS))
   {
   data |= ((uint64_t) ((*temp++) & 0xff )<<bits_in_data);
   bits_in_data += 8;
```

```
data |= ((uint64_t) ((*temp++) & 0xff )<<bits_in_data);

bits_in_data += 8;

data |= ((uint64_t) ((*temp++) & 0xff )<<bits_in_data);

bits_in_data += 8;

data |= ((uint64_t) ((*temp++) & 0xff )<<bits_in_data);

bits_in_data += 8;

data |= ((uint64_t) ((*temp++) & 0xff )<<bits_in_data);

bits_in_data += 8;

/*while we read first time，we need to filter spurious bits*/

if(chars_count == 0)

{

retval = msr_filter_spurious_bits(data, FORWARD, TRACK_B);

if(retval == -1){ return MQX_ERROR;}

}

/*Now correct data to remove spurious bits*/

data = data>>retval;

bits_in_data -= retval;

retval = 0;

/*Extract char bits from the data*/

while(bits_in_data >= 5)

{

    track_char = data & 0x1F;

    data = data >> 5;

    bits_in_data -=5;

    card_data_ptr->track_chars.track_b_chars[chars_count] = track_char;

    chars_count++;

} } }

else if (track == TRACK_C)
```

```
{
    data = 0;
    bits_in_data = 0;
    while((*temp !=0xc0) &&
            (chars_count <=TRACK_C_MAX_CHARS))
    {
    data |= ((uint64_t) ((*temp++) & 0xff )<<bits_in_data);
    bits_in_data += 8;
    data |= ((uint64_t) ((*temp++) & 0xff )<<bits_in_data);
    bits_in_data += 8;
    data |= ((uint64_t) ((*temp++) & 0xff )<<bits_in_data);
    bits_in_data += 8;
    data |= ((uint64_t) ((*temp++) & 0xff )<<bits_in_data);
    bits_in_data += 8;
    data |= ((uint64_t) ((*temp++) & 0xff )<<bits_in_data);
    bits_in_data += 8;
    /*while we read first time，we need to filter spurious bits*/
    if(chars_count == 0)
    {
    retval = msr_filter_spurious_bits(data，FORWARD，TRACK_C);
    if(retval == −1){
        return MQX_ERROR;
    }    }
    /*Now correct data to remove spurious bits*/
    data = data>>retval;
    bits_in_data -= retva;
    retval = 0;
    /*Extract char bits from the data*/
```

```
    while(bits_in_data >= 5)

    {

        track_char = data & 0x1Fp;

        data = data >> 5;

        bits_in_data -=5;

        card_data_ptr->track_chars.track_c_chars[chars_count] = track_char;

        chars_count++;

    } } } }
else if (informed_direction == BACKWARD)

{

    if (track == TRACK_A)

    {

    data = 0;

    bits_in_data = 0;

    while((*temp !=0xc0) && (chars_count <=TRACK_A_MAX_CHARS))

    {

    data |= ((uint64_t) ((*temp++) & 0xff )<<bits_in_data);

    bits_in_data += 8;

    data |= ((uint64_t) ((*temp++) & 0xff )<<bits_in_data);

    bits_in_data += 8;

    data |= ((uint64_t) ((*temp++) & 0xff )<<bits_in_data);

    bits_in_data += 8;

    data |= ((uint64_t) ((*temp++) & 0xff )<<bits_in_data);

    bits_in_data += 8;

    data |= ((uint64_t) ((*temp++) & 0xff )<<bits_in_data);

    bits_in_data += 8;

    data |= ((uint64_t) ((*temp++) & 0xff )<<bits_in_data);

    bits_in_data += 8;
```

```
data |= ((uint64_t) ((*temp++) & 0xff )<<bits_in_data);
bits_in_data += 8;
/*while we read first time，we need to filter spurious bits*/
if(chars_count == 0)
{
retval = msr_filter_spurious_bits(data，BACKWARD，TRACK_A);
if(retval == -1){ return MQX_ERROR; }
}
/*Now correct data to remove spurious bits*/
data = data>>retval;
bits_in_data -= retval;
retval = 0;
/*Extract char bits from the data*/
while(bits_in_data >= 7)
{
    track_char = data & 0x7F;
    data = data >> 7;
    bits_in_data -=7;
    /*save the character bits*/
    card_data_ptr->track_chars.track_a_chars[chars_count] = track_char;
    chars_count++;
    if(track_char == 0x1F)
    { /*End Sentinel hence we have received penultimate character*/
        /*This will automatically Append trailing zeroes to LRC*/
        bits_in_data = 7;}
      }  }  }
else if (track == TRACK_B)
{
```

```
data = 0;

bits_in_data = 0;

while((*temp !=0xc0) && (chars_count <=TRACK_B_MAX_CHARS))

{

data |= ((uint64_t) ((*temp++) & 0xff )<<bits_in_data);

bits_in_data += 8;

data |= ((uint64_t) ((*temp++) & 0xff )<<bits_in_data);

bits_in_data += 8;

data |= ((uint64_t) ((*temp++) & 0xff )<<bits_in_data);

bits_in_data += 8;

data |= ((uint64_t) ((*temp++) & 0xff )<<bits_in_data);

bits_in_data += 8;

data |= ((uint64_t) ((*temp++) & 0xff )<<bits_in_data);

bits_in_data += 8;

/*while we read first time，we need to filter spurious bits*/

if(chars_count == 0)

{

retval = msr_filter_spurious_bits(data，BACKWARD，TRACK_B);

if(retval == -1){ return MQX_ERROR;}

}

/*Now correct data to remove spurious bits*/

data = data>>retval;

bits_in_data -= retval;

retval = 0;

/*Extract char bits from the data*/

while(bits_in_data >= 5)

{

    track_char = data & 0x1F;
```

```c
        data = data >> 5;

        bits_in_data -=5;

        card_data_ptr->track_chars.track_b_chars[chars_count] = track_char;

        chars_count++;

        if(track_char == 0x1F)

        {

            /*End Sentinel hence we have received penultimate character*/

            /*This will automatically append trailing zeroes to LRC*/

            bits_in_data = 5;

        }    }   }   }
else if (track == TRACK_C)

{

    data = 0;

    bits_in_data = 0;

    while((*temp !=0xc0) && (chars_count <=TRACK_C_MAX_CHARS))

    {

    data |= ((uint64_t) ((*temp++) & 0xff )<<bits_in_data);

    bits_in_data += 8;

    data |= ((uint64_t) ((*temp++) & 0xff )<<bits_in_data);

    bits_in_data += 8;

    data |= ((uint64_t) ((*temp++) & 0xff )<<bits_in_data);

    bits_in_data += 8;

    data |= ((uint64_t) ((*temp++) & 0xff )<<bits_in_data);

    bits_in_data += 8;

    data |= ((uint64_t) ((*temp++) & 0xff )<<bits_in_data);

    bits_in_data += 8;

    /*while we read first time，we need to filter spurious bits*/

    if(chars_count == 0)
```

```
    {
    retval = msr_filter_spurious_bits(data，BACKWARD，TRACK_C);
    if(retval == -1){   return MQX_ERROR;    }
        }
    /*Now correct data to remove spurious bits*/
    data = data>>retval;
    bits_in_data -= retval;
    retval = 0;
    /*Extract char bits from the data*/
    while(bits_in_data >= 5)
    {
       track_char = data & 0x1F;
       data = data >> 5;
       bits_in_data -=5;
       card_data_ptr->track_chars.track_c_chars[chars_count] = track_char;
       chars_count++;
       if(track_char == 0x1F)
       {   /*End Sentinel hence we have received penultimate character*/
         /*This will automatically Append trailing zeroes to LRC*/
         bits_in_data = 5;
       }   }  }  }  }
  return MSR_OK;

}
```

EMV Kernel 实现 EMV4.3 Level 1 的 TAL（终端应用层）和 TTL（终端传输层），以及 case 1、case2、case3 和 case4 的 IC 卡命令。

K81 EMV 相关寄存器如表 6-10 所示。

表 6-10　K81 EMV 相关寄存器

绝对地址 （hex）	寄存器名称	宽度/位	访问	复位值	部分/页码
400D__4000	Version ID Regsiter(EMV__SIM0__ER__ID)	32	R	0000__ 0000h	15.5.1/289
400D__4004	Parameter Register(EMV__SIM0__PARAM)	32	R	0000__ 0010h	15.5.2/283
400D__4008	Clook Contiguration Register (EMV__SIM0__CLKCFG)	32	R/W	0000__ 0000h	15.5.3/284
400D__400C	Baud Rate DMsor Register (EMV__SIM0__DIVISOR)	32	R/W	0000__ 0174h	15.5.4/285
400D__4010	Control Register (EMV__SIM0__CTRL)	32	R/W	0100__ 0006h	13.5.5/286
400D__4014	Interrupt Mask Register (EMV__SIM0___INT__MASK)	32	R/W	0000__ 7FFFh	15.5.6/290
400D__4018	Recelver Tnreshold Regsiter (EMV__SIM0__RX__THD)	32	R/W	0000__ 0001h	15.5.7/292
400D__401C	Transmltter Tnreshold Regsiter (EMV__SIM0__TX__THD)	32	R/W	0000__ 000Fh	15.5.8/293
400D__4020	Recelve Status Register (EMV__SIM0__RX__STATUS)	32	w1c	0000__ 0000h	15.5.9/294
400D__4024	Transmltter Status Register (EMV__SIM0__TX__STATUS)	32	w1c	0000__ 00B8h	15.5.10/297
400D__4028	Port Control and Status Register (EMV__SIM0__PCSR)	32	R/W	0100__ 0000h	15.6.11/300
400D__402C	Recelve Data Read Butter (EMV__SIM0__RX__BUF)	32	R	0000__ 0000h	15.5.12/202
400D__4030	Transmlt Data Butter (EMV SIM0__TX__BUF)	32	W (always reads 0)	0000__ 0000h	15.5.13/303
400D__4034	Transmitter Guand ETU Value Register (EMV__SIM0__TX__GETU)	32	R/W	0000__ 0000h	15.5.14/303
400D__4038	Character Wait Time Value Register (EMV__SIM0__CWT__VAL)	32	R/W	0000__ FFFFh	15.5.15/304
400D__403C	Block Wait Time Value Register (EMV__SIM0__BWT-VAL)	32	R/W	FFFF__ FFFFh	15.5.16/304
400D__4040	Block Guard Time Value Register (EMV__SIM0__BGT__VAL)	32	R/W	0000__ 0000h	15.5.17/305
400D__4044	General Purpose Counter 0 Timeout Value Register (EMV__SIM0__GPCNT0__VAL)	32	R/W	0000__ FFFFh	15.5.18/305
400D__4048	General Purpose Counter 1 Timeout Value Register (EMV__SIM0__GPCNT1__VAL)	32	R/W	0000__ FFFFh	15.5.19/306
400D__5000	Version ID Regsiter (EMV__SIM1__VER1__ID)	32	R	0000__ 0000h	15.5.1/283
400D__5004	Parameter Register (EMV__SIM1__PARAM)	32	R	0000__ 1010h	15.5.2/283
400D__5008	Clock Configuration Register (EMV__SIM1__CLKCFG)	32	R/W	0000__ 0000h	15.5.3/284

续表

绝对地址 （hex）	寄存器名称	宽度/位	访问	复位值	部分/页码
400D__500C	Baud Rate Divisor Register (EMV__SIM1__DIVISOR)	32	R/W	0000__ 0174h	15.5.4/285
400D__5010	Control Register (EMV__SIM1__CTRL)	32	R/W	0000__ 0006h	15.5.5/286
400D__5014	Interrupt Mask Register (EMV__SIM1__INT__MASK)	32	R/W	0000__ 7FFFh	15.5.6/290
400D__5018	Receiver Threshold Register (EMV__SIM1__RX__THD)	32	R/W	0000__ 0001h	15.5.7/292
400D__501C	Transmitter Threshold Register (EMV__SIM1__TX__THD)	32	R/W	0000__ 000Fh	15.5.8/293
400D__5020	Receive Status Register (EMV__SIM1__RX__STATUS)	32	w1c	0000__ 0000h	15.5.9/294
400D__5024	Transmitter Status Register (EMV__SIM1__TX__STATUS)	32	w1c	0000__ 00B8h	15.5.10/297
400D__5028	Port Control and Status Register (EMV__SIM1__PCSR)	32	R/W	0100__ 0000h	15.5.11/300
400D__502C	Receive Data Read Buffer (EMV__SIM1__RX__BUF)	32	R	0000__ 0000h	15.5.13/303
400D__5030	Transmit Data Buffer (EMV__SIM1__TX__BUF)	32	W (always reads 0)	0000__ 0000h	15.5.13/303
400D__5034	Transmitter Guard ETU Value Register (EMV__SIM1__TX__GETU)	32	R/W	0000__ 0000Fh	15.5.14/303
400D__5038	Character Wait Time Value Register (EMV__SIM1__CWT__VAL)	32	R/W	0000__ FFFFh	15.5.15/304
400D__503C	Block Wait Time Value Register (EMV__SIM1__BWT__VAL)	32	R/W	FFFF__ FFFFh	15.5.16/304
400D__5040	Block Guard Time Value Register (EMV__SIM1__BGT__VAL)	32	R/W	0000__ 0000h	15.5.17/305
400D__5044	General Purpose Counter0 Timeout Value Register (EMV__SIM1__GPCNT0__VAL)	32	R/W	0000__ FFFFh	15.5.18/305
400D__5048	General Purpose Counter1 Timeout Value (EMV__SIM1__GPCNT1__VAL)	32	R/W	0000__ FFFFh	15.5.19/305

图 6-24 所示为 EMV L1 协议实现流程。程序主要由 3 个文件，即 EMV 硬件数据首发 Emvsim_driver.c、EMV L1 协议栈 emvl1_core.c 及应用层延时代码 emvl1_demo.c 实现。EMV Kernel 主要由 Emvsim_driver.c 和 emvl1_core.c 这两个文件实现。

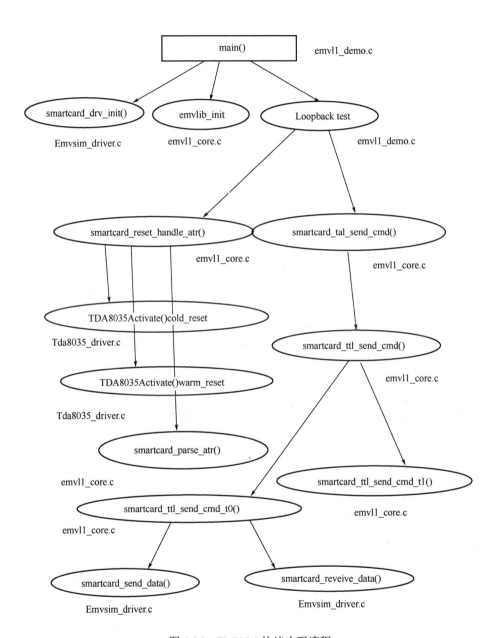

图 6-24　EMV L1 协议实现流程

smartcard_core_error_t　smartcard_tal_send_cmd(uint32_t　instance，　smartcard_tal_cmd_t
*talCmdPtr, smartcard_tal_resp_t *talRespPtr);

```
static smartcard_core_error_t smartcard_ttl_send_cmd(uint32_t instance, smartcard_ttl_ cmd_t
*ttlCmdPtr, smartcard_ttl_resp_t *ttlRespPtr);
static smartcard_core_error_t smartcard_ttl_send_cmd_t0(uint32_t instance, smartcard_ ttl_cmd_t
*ttlCmdPtr, smartcard_ttl_resp_t *ttlRespPtr);
static smartcard_core_error_t smartcard_ttl_send_cmd_t1(uint32_t instance, smartcard_ ttl_cmd_t
*ttlCmdPtr，smartcard_ttl_resp_t *ttlRespPtr);
```

6.3 金融支付终端构建与管理过程中的疑难与解析

6.3.1 金融支付终端如何有效保证微型打印机的安全可靠运行

打印机是计算机系统的重要输出设备之一，用于将计算机处理结果打印在相关介质上。在 POS 行业中，打印机也是非常重要的组成部分，它能够将终端处理的结果信息直观地显示在纸质媒介上，可以成为各项交易的凭证及维权时的重要物证。在当前 POS 市场中主要使用两类打印机：针式打印机和热敏打印机。

针式打印机利用电路驱动打印针撞击色带和打印介质打印出点阵，再由点阵组成被打印的字符或图形，因为针式打印机是由击打动作来完成的，故可以实现多联打印，并且打印单据可以长时间保存。如果需要打印的票据能够长时间保存作为凭证，建议使用针式打印机。

热敏打印机的工作原理是打印头上安装了半导体加热元件，打印头加热并接触热敏打印纸就可以打印出需要的图案，其原理与热敏式传真机类似。图像是通过加热在膜中发生化学反应生成的。这种热敏打印机的化学反应是在一定的温度条件下进行的。高温会加速这种化学反应；当温度低于 60℃时，热敏打印纸需要经过相当长，甚至长达几年的时间才能变成深色；而当温度为 200℃时，这种反应会在几微秒内完成。相对于针式打印机，热敏打印机有打印速度快、噪声低、打印清晰、体积小、使用方便等优点。

在当前的金融支付终端市场中，终端设备朝便捷化方向发展，热敏打印机的特点使它在金融支付终端行业中的应用越来越广泛。图 6-25 所示为热敏打印机机芯。

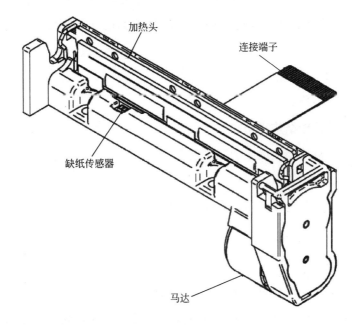

图 6-25　热敏打印机机芯

热敏打印机在终端设备中也属于重要部件之一，下面列出它通常会出现的一些问题及其解决方案。

1．加热电阻烧毁

热敏打印机的图像是通过加热电阻来加热热敏纸，在膜中发生化学反应而生成的，这样对加热电阻的时间控制就很重要了。如果长时间加热，加热点附近的热量无法及时散出，则容易造成加热电阻烧毁，甚至发生更为严重的安全事故。

解决方案：加热电阻的采样要及时，甚至可以考虑将加热电阻的输出接入比较器以加快对事故的响应速度；采用芯片的单次比较输出来使能热敏打印机机芯供电，避免由于处理器代码运行紊乱造成加热部件长时间加热造成的安全隐患。

2. 失步/越步

在热敏打印机的使用过程中，失步/越步现象时有发生，因为热敏打印机使用的是步进电机驱动，通常会以为出现这种现象与电机驱动有关，诚然电机驱动异常会导致这种现象，但是下面的这些因素也会造成失步/越步。

（1）驱动芯片异常。

（2）电源不稳。

（3）机芯机械结构损伤。

（4）控制算法不当造成加减速过快。

（5）电机发生共振。

解决方案：在进行产品设计时，需要充分考虑 PCB 布板、机芯质量、结构设计及电机激励的频率等问题。

3. 打印缺纸

为了避免在缺纸状态下驱动电机和加热打印头，以延长打印机的使用寿命，打印机有一个内置的缺纸传感器（反射式光电传感器）来检测纸张是否存在，外部需要相应的电路来完成缺纸判断，电路如图 6-26 所示。

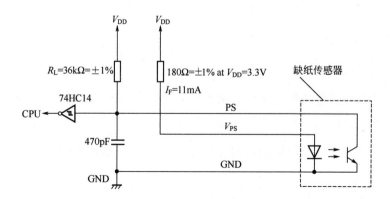

图 6-26 缺纸检测电路

在微型打印机的使用过程下列因素常常会造成缺纸误判。

（1）检测算法不够好，环境温度、湿度及环境光对传感器有一定的影响。

（2）结构设计不够合理，外部粉尘污染光电传感器的发射接收面，导致接收不灵敏，容易误判。

（3）其他器件对检测电路的影响，特别是设备内部的射频天线。

解决方案：光耦传感器可能会产生瞬时异常信号，在检测软件中可以进行多次判断，建议以 10ms 检测两次的频率处理；合理设计外观结构；检测电路尽量远离射频天线。

6.3.2　金融支付终端低功耗问题和解决方案

便携式金融支付终端的盛行，对微处理器低功耗的实现提出了越来越高的要求。便携式金融支付终端一般会包含两个电池：一个电池作为主电源，供给系统工作；另一个电池作为备用电源，只提供给系统时钟和安全模块使用。所以，针对这两个电池的功耗管理，可以将整个低功耗问题划分为待机功耗问题和关机功耗问题。

这里的待机主要指终端设备处在开机但是不进行任何实质性工作的状态，整个系统并没有掉电，系统保持待机运行，主电源在为整个系统提供能量，这时系统功耗主要来自系统的待机功耗。为了降低待机功耗，往往需要将很多不需要工作的模块时钟甚至电源关闭，只让系统中能够响应唤醒事件的那部分电路工作。当然，为了能够快速地响应唤醒事件，需要在各种低功耗模式间进行权衡。

这里的关机是指将微处理器的系统断电，微处理器不工作，但是系统时钟和安全模块依然保持工作的一种状态。关机对终端设备来说，主电源将没有负载，基本不耗电，这时仅仅需要将焦点关注在系统时钟和安全模块的功耗上，我们将这种功耗模式称为关机功耗。

当前，在金融支付终端市场常用的微处理器包括基于 ARM Cotex-M 内核的处理器和基于 ARM Cotex-A 内核的处理器。因为 Cotex-M 内核和 Cotex-A

内核对低功耗有不同的实现方式，下面将分别进行介绍。

1. 基于 ARM Cotex-M 内核的功耗优化

目前，mPOS、智能 POS 等终端基本都采用 Cotex-M 安全处理器，下面主要以恩智浦的 K81 安全微控制器为蓝本来介绍如何尽可能降低待机功耗和关机功耗。K81 安全微控制器外部需要提供的电源（包括 VDD、AVDD 和 VBAT、VDD 和 AVDD）常常可以由一路电源提供，所以 K81 安全微控制器的电源树比较简单。

降低待机功耗是个相对复杂的问题，K81 安全微控制器有多种功耗模式，可以实现较多种功耗管理功能，图 6-27 所示为 K81 安全微控制器的功耗模式状态转换，表 6-11 所示为 K81 安全微控制器各功耗模式的详细说明。由表 6-11 可知，为了能以最低功耗实现快速唤醒，综合来看，在芯片待机时使安全微控制器处在 VLPS 模式是较为合适的选择。

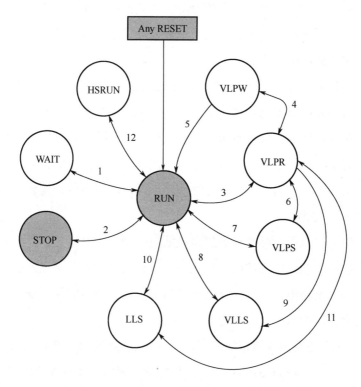

图 6-27　K81 安全微控制器的功耗模式状态转换

表 6-11　K81 安全微控制器各功耗模式说明

功耗模式	描述	内核模式	唤醒方法
HSRUN	芯片最高性能，运行频率可达 150MHz	RUN	
RUN	复位后的默认模式，芯片电压调节器打开，运行频率可达 120MHz	RUN	
Wait	内核休眠，继续为外设提供时钟，外设保持工作，NVIC 保持使能	Sleep	Interrupt
Stop	内核休眠，外设时钟停止，AWIC 用作唤醒源，NVIC 禁止，芯片处于静止状态	Deep Sleep	Interrupt
VLPR	片内电压调节器处于低功耗模式，芯片在较低频率（4MHz）工作，LVD 关闭	RUN	
VLPW	类似 VLPR，但内核休眠	Sleep	Interrupt
VLPS	片内电压调节器处于低功耗模式。LVD 关闭，内核休眠，带 ADC 和引脚中断功能的最低功耗模式。外设时钟停止，只有 lptimer、RTC、CMP、TSI、DAC 模块可以工作。NVIC 是禁止的，所有片内 SRAM 有电可保持内容，I/O 口状态维持	Deep Sleep	Interrupt
LLS3	大多数外围设备处于状态保持模式（时钟停止），但 llwu、lptimer、RTC、CMP、TSI、DAC 可以使用。NVIC 是禁止的，llwu 用作唤醒源。所有片内 SRAM 有电可保持内容，I/O 口状态维持	Deep sleep	Wakeup Interrupt
LLS2	大多数外围设备处于状态保持模式（时钟停止），但 llwu、lptimer、RTC、CMP、TSI、DAC 可以使用。NVIC 是禁止的，llwu 用作唤醒源。片内部分 SRAM（SRAM_U）有电可保持内容，I/O 口状态维持	Deep Sleep	Wakeup Interrupt
VLLS3	大多数外围设备处于状态保持模式（时钟停止），但 llwu、lptimer、RTC、CMP、TSI、DAC 可以使用。NVIC 是禁止的，llwu 用作唤醒源。所有 SRAM_L 和 SRAM_U 有电可保持内容，I/O 口状态维持	Deep Sleep	Wakeup Reset
VLLS2	大多数外围设备处于状态保持模式（时钟停止），但 llwu、lptimer、RTC、CMP、TSI、DAC 可以使用。NVIC 是禁止的，llwu 用作唤醒源。所有 SRAM_L 掉电，SRAM_U 有电可保持内容，I/O 口状态维持	Deep Sleep	Wakeup Reset
VLLS1	大多数外围设备处于状态保持模式（时钟停止），但 llwu、lptimer、RTC、CMP、TSI、DAC 可以使用。NVIC 是禁止的，llwu 用作唤醒源。所有 SRAM_L 和 SRAM_U 掉电，32 字节系统寄存器和 128 字节 VBAT 寄存器有电可保持内容	Deep Sleep	Wakeup Reset
VLLS0	大多数外围设备处于状态保持模式（时钟停止），但 llwu 和 RTC 可以使用。NVIC 是禁止的，llwu 用作唤醒源。所有 SRAM_L 和 SRAM_U 掉电，32 字节系统寄存器和 128 字节 VBAT 寄存器有电可保持内容	Deep Sleep	Wakeup Reset
BAT	系统掉电，仅 VBAT 维持，RTC 和 128 字节 VBAT 寄存器可以保持内容	Off	Power-on

芯片的功耗 $P=IV$（I 为芯片消耗电流，V 为芯片工作电压），所以降低功耗主要从 I 和 V 的角度出发。当安全微控制器处在 VLPS 功耗模式下（内核休眠），以下措施可以降低待机功耗。

（1）能用低的工作电压就不要用更高的工作电压。

（2）对于并不使用的外设，关闭模块时钟和电源（可以控制的话）。

（3）尽量使用低功耗智能外设，如 ADC，可以使用低功耗模式，可以使能比较模式和硬件平均，尽量减少 MCU 被唤醒的次数；启动地址匹配模式和 FIFO，如 LPUART，尽量减少唤醒 MCU 的次数。

（4）逐个评估 VLPS 功耗模式下的 I/O 口状态，判断 I/O 口外部或内部的上下拉电阻设置是否会消耗额外电流，评估阻值是否合理。

（5）对于悬空的引脚，可用程序设置为输出状态，避免引脚浮空，特别需要注意的是，对于很多 MCU，你看到的引脚不一定是芯片的所有引脚，常常会存在未被引出的引脚，对于这些引脚也要设置。

（6）外围器件的限流电阻是否合理，如 LED 的限流电阻可以尽量选大阻值。

（7）外围器件选用低功耗器件，如 LDO，最好选用静态电流低的器件。

降低关机功耗的问题相对比较简单，在关机状态，只有系统时钟和安全模块在耗电，可采取的措施比较有限，当然关机状态下系统时钟和安全模块本身耗电就很低，下面列出了 2 条在关机状态下降低功耗的措施。

（1）在满足安全需求的前提下，安全模块入侵检测部分的上、下拉电阻尽量使用外部电阻，虽然安全微控制器在入侵检测引脚上基本都会有上、下拉电阻供配置，但是内部电阻的阻值一般都不会很大。

（2）对入侵检测在同等的采样频率下，尽量缩短采样时间来降低平均功耗。

2. 基于 Linux 嵌入式系统的功耗优化

随着处理器技术和 Linux 的发展，越来越多的应用在部署 Linux 系统，有些手持设备需要用电池供电，对功耗要求相对较高，这需要在产品设计时就要考虑。本书以 i.MX6UL EVK 为例，介绍一些功耗调优的基本方法。

i.MX6ULEVK 是一款低功耗、高性能处理器，集成了诸多的低功耗运行技术，在 Linux BSP 中也实现相应驱动以支持系统在不同状态下自动调节功耗。

i.MX6UL Linux BSP 低功耗运行模式实现如下几个级别。

1）系统空闲

（1）当没有线程运行时，CPU 可自动进入此模式。

（2）所有外设都可保持启动模式。

（3）CPU 只会进入 WFI 模式，并且会保留状态，从而使得中断响应非常短。

（4）当没有访问时，DRAM 会进入自动刷新模式。

2）低功耗空闲

（1）功耗比系统空闲模式更低，需要更长的退出时间。

（2）所有 PLL 都已关闭，模拟模块在低功耗模式下运行。

（3）所有高速外设都被电源门控关闭电源，低速外设仍然保持低频率运行。

（4）软件让 DRAM 进入自动刷新模式。

3）待机

（1）最节能模式，也需要最长退出时间。

（2）所有 PLL 都关闭，XTAL 退出，除 32kHz 时钟外所有时钟都关闭。

（3）所有高速外设都被电源门控关闭电源，所有低速外设都被时钟门控切断时钟。

（4）软件让 DRAM 进入自动刷新模式。

4）休眠

（1）除 SNVS 域外，所有 SOC 数字逻辑、模拟模块都关闭。

（2）32kHz RTC 运行。

（3）篡改监测电路保持活动。

3. Linux 系统下如何进行功耗优化

下面介绍 Linux 系统在不同工作模式下功耗优化的一些方法。

1）睡眠模式功耗优化

（1）所有外设确认进入睡眠模式或者低功耗模式，可以在驱动程序添加一些必要的打印信息确认。

（2）根据系统硬件设计，把不影响系统工作的 I/O 口设置成高阻抗或者输入模式。

（3）根据系统硬件设计，把不用的电源全部关掉，唤醒时再打开。

（4）确认 DDR 已经进入自动刷新模式。

（5）设置 DDR IO Float 引脚，减少 I/O 口功耗。

（6）关掉所有 PLL，仅保留 32kHzRTC 运行。

2）系统运行及空闲功耗

系统运行及空闲时功耗优化需要根据实际产品的需求进行对应的优化。这里只介绍一些通用的平台检查和优化功耗办法。

（1）检查 dvfs/cpufreq 及 busfreq 是否启用：

```
root@i.MX6UL-EVK：/ # cat /sys/devices/system/cpu/cpu0/cpufreq/scaling_governor
```

```
root@ i.MX6UL-EVK：/ # cat /sys/devices/platform/imx_busfreq.0/enable
```

（2）检查所有模块的 clock 是否关掉：

```
root@ i.MX6UL-EVK：/ # powerdebug -d -c
```

（3）检查系统负载及中断情况，查看是否有外设触发过多中断：

```
root@ i.MX6UL-EVK：/ # cat /proc/interrupts
```

总而言之，降低功耗是个复杂的过程，需要检视系统的方方面面，特别是当功耗降低到一定程度后，更需要一点一点地优化，积少成多。

参 考 文 献

[1] http://d. youth. cn/shrgch/201612/t20161208_8928859. html.
[2] http://www. freebuf. com/news/topnews/117788. html.
[3] http://hackernews. cc/archives/9396.
[4] FINKENZELLER K. Fundamentals and applications in iontact-less smart card，radio frequency identification and near-field communication. 3rd. Chichester:Wiley，2010.
[5] 路安平，杨济民，李锋，等. 几种轻量级加密算法的比较研究. 现代电子技术，2014，37（12）.
[6] 黄亮新. 区块链+："无中介"驱动的世界. 技能 Get，2016.
[7] 赵阔，邢永恒. 区块链技术驱动下的物联网安全研究综述. 信息网络安全，2017（5）：1-6.
[8] 中国人民银行. 2016 年支付体系运行总体情况. 中国人民银行，2016.
[9] 甘志祥. 物联网的起源和发展背景的研究. 现代经济信息，2010（1）.
[10] 李欲晓. 物联网安全相关法律问题研究. 法学论坛，2014，29（6）.
[11] https://www. pcisecuritystandards. org/pci_security/maintaining_payment_security.
[12] PIN Transaction Security（PTS） Payment Card Industry（PCI）.
[13] Cryptography. https://en. wikipedia. org/wiki/Cryptography .
[14] Block cipher mode of operation. https://en. wikipedia. org/wiki/Block_cipher_mode_of_operation#CBC.
[15] Data Encryption Standard. https://en. wikipedia. org/wiki/Data_Encryption_Standard.
[16] 国家密码管理局. 随机性检测规范，2009.
[17] Elaine Barker，John Kelsey. Recommendation for Random Number Generation Using Deterministic Random Bit Generators（Revised）. NIST Special Publication 800-90 Revised，2007.
[18] Mohit Arora，Prashant Bhargava，Stephen Pickering. Freescale Semiconductor Anti tamper real time clock（RTC） - make your embedded system secure.
[19] Public key infrastructure. https://en. wikipedia. org/wiki/Public_key_infrastructure.
[20] https://source. android. com/security/authentication/.
[21] Protecting Against Side-Channel Attacks with an Ultra-Low Power Processor. https://www. synopsys. com/designware-ip/technical-bulletin/protecting-against-side-channel. html.
[22] 屏蔽罩对零中频手机射频发射性能之影响. http://www. rfsister. com/article/23592947. html.
[23] E-commerce identification and identification types. https://en. wikipedia. org/wiki/E-commerce_identification_and_identification_types.
[24] NXP i. MX 6UltraLite Applications Processor Reference Manual.
[25] 何小庆. 嵌入式操作系统风云录：历史演进与物联网未来. 北京：机械工业出版社，2016.
[26] 百度百科. 密码学//https://baike. baidu. com/item/%E5%AF%86%E7%A0%81%E5%AD%A6/480001?fr=Aladdin.
[27] 一篇了解 TrustZone//https://blog. csdn. net/guyongqiangx/article/details/78020257.
[28] 可在线 OTA 升级的嵌入式系统设计方案//https://blog. csdn. net/zhou_chenz/article/det

ails/54917622.

[29] 李联宁. 物联网安全导论. 北京：清华大学出版社，2013.

[30] 刘强，崔莉，陈海明. 物联网关键技术与应用. 计算机科学，2010，37（6）:1-4.

[31] 物联网在线. http://www. iot-online. com/.

[32] 电子工程网. https://www. EEChina. com.

[33] 中国人民银行. 中国金融移动支付应用安全规范 JR/T 0095-2012. 北京：中国人民银行，2012.

[34] 中国银联股份有限公司.银联卡受理终端安全规范 QCUP 007-2014. 北京:中国银联股份有限公司，2014.

[35] Seiko Instruments Inc. LTP02-245-11 Thermal Printer Mechanism Technical Reference.

[36] NXP TDA8035 Smart Card Reader. AN10997 Rev，2016，6（1）：4-6.

[37] NXP TDA8035 datasheet. Rev，2016，6（3）：1-30.

[38] NXP K81 Sub-Family Reference Manual. Rev. 4，2015，9.